光尘
LUXOPUS

源—思—维

洞穿本质的深度思考法

何艳玲 著

Origin-Thinking

中国出版集团
中译出版社

图书在版编目（CIP）数据

源思维 / 何艳玲著 . -- 北京：中译出版社，2024.
8. -- ISBN 978-7-5001-8048-7

Ⅰ . B804

中国国家版本馆 CIP 数据核字第 2024X44P40 号

源思维
YUAN SIWEI

著　　者：何艳玲
策划编辑：刘　钰
责任编辑：刘　钰
营销编辑：刘　畅　赵　铎　魏菲彤　谢寒霜　王文乐

出版发行：中译出版社
地　　址：北京市西城区新街口外大街 28 号普天德胜大厦主楼 4 层
电　　话：（010）68002494（编辑部）
邮　　编：100088
电子邮箱：book@ctph.com.cn
网　　址：http://www.ctph.com.cn

印　　刷：北京中科印刷有限公司
经　　销：新华书店
规　　格：1230 mm×880 mm　1/32
印　　张：10.75
字　　数：220 千字
版　　次：2024 年 8 月第 1 版
印　　次：2024 年 8 月第 1 次印刷

ISBN 978–7–5001–8048–7　　　　**定价：**69.00 元

名家推介

在平面化、同质化的生存境遇中如何塑造立体而丰富的人生，在两极化、茧房化的舆论空间如何形成理性而公允的识见，这是每个人身处当下必须面对的两个关键问题。阅读何艳玲教授的《源思维》，一定能获得启示和启迪，无论是观念上还是行动上。

——**彭国华**

人民日报社《人民论坛》杂志社总编辑、高级编辑

数字时代的人工智能技术，将知识的学习与获取变得如此便利：工作与生活所需的知识随手可得，似乎用不着再费力地去学习与思考。但可能恰恰出于此，思考的重要性才更加凸显：只有深度思考，才能得到不一样的新知。何艳玲教授的这本通识性专著，聚焦如何通过深度思考让你与众不同且更优秀，如何通过深度思考“过上更清醒、更不错的生活”。

——**王天夫**

清华大学社会科学院院长、中国社会学会副会长

基于求真务实、力求洞见的学术研究基础，才有了这本面向大众的“还原事实一辨析因果一锚定切口”源思维力作。本书行文严谨又生动、

沉静又热烈，何艳玲教授的个人风格有机融入了这本全面呈现深度思考模型的思维读本。这是一本看了就可以改变的书！

——张志安

复旦大学特聘教授、中国新闻史学会应用新闻传播专委会理事长

如果事物的本质和事物的表现形式是直接合而为一的，那么人们的一切认知都变得多余。人生也是一样。如何透过现象，获取人生真谛？唯有深度思考。何艳玲教授的用心之作将深度思考变成一种可以训练的能力，有趣、易学且深刻。大家不妨读读，特别是在这样一个略显浮躁的年代。

——周丹

中国社会科学院哲学研究所副所长、《哲学研究》编辑部主任

从事评论工作这么多年，从国际到国内，从政治到经济，从历史到现实，从表层到深层，从制度到文化，我发现人们总有太多的困惑。但我认为，最大的困惑其实出自教育，而教育里最大的困惑则出自思维方式。从亚里斯多德的“第一性原理”到逻辑思维，再到深度思考，这其实是教育的刺穿点和临门一脚。何艳玲教授提出的“源思维”和“洞穿本质的深度思考法”可谓这方面临门一脚的集大成者。哪怕仅掌握这种思维方式的一半，我们生活和社会里的很多困惑都将迎刃而解。我极力推荐这本书，希望我们都能从读这本书开始，进入自我提升和民族精神素质提升的新境界。

——邱震海

香港全球化中心创始人兼主席、德国图宾根大学博士

思考的深度决定认知的高度

认知的高度决定行动的力度

献给在喧闹中仍然喜欢思考、在磨砺中仍然热爱生活的人们

序　言

本书的写作，肇始于春天，也完成于春天。年复一年，满树新芽从不推迟在春风中的摇曳生姿、生机无限，我们的思考也变得更为活跃。我们能够更清晰地捕捉当下的每个瞬间，无论是微风拂过面颊的轻柔，还是阳光洒在身上的温暖……这是最好的思考时光！

在长期教学生涯中和无数场公共演讲之后，我经常被问道：

何老师，如何才能有自己的独到观点呢？

我：深度思考。

对方又问：如何深度思考呢？

本书的任务，就在于给这一问题一个详细的、可操作的答案。

这本书不仅是一部关于如何通过源思维实现深度思考的书，更是一部关于如何持续获得生命源泉和人生动能的书。

笛卡儿的“我思，故我在”是一句脍炙人口的哲学箴言，尽管其寓意深远且历来解读纷纭，但一个核心理念始终如一：

> 正是通过思考，尤其是深度思考，我们才得以触摸到自我存在的本质。

作为一名长期从事严谨学术研究的社会科学家和公共事务专门研究者，深度思考对我而言，早已超越了单纯的思维层面，成了我无意识中的一部分；甚至可以说，它就是我的一种生活方式。

如何进行深度思考？是否每个人都具备深度思考的能力？这两个问题一直在脑海中盘旋，激发了我写这本书的冲动。

而让我更加坚定这一想法的，是多年前的一次难忘经历。那时，我受邀前往孩子就读的学校为初一新生做了一场开学演讲，主题是“思考点亮心中的灯”。在那场演讲中，我与主管校长、孩子们进行了深入交流。正是这些宝贵的互动，让我深感思考的力量不仅在于影响个人的行为，更在于它能够连接人与人之间的心灵，点亮我们内心深处的那盏灯。受到这次经历的启发，我也深感有责任将我的思考模型和方法分享给更多的人。

在接下来几年，我开始在繁忙工作之余投入这项工作：如何将社会科学家的思考模型转化为可见文字。我阅读了大量书籍，研究了当前主流的思考方法，并与一些同行、学者和实践者进行了深入交流。同时，我也做了多场与思考相关的演讲，通过与听众的互动，不断检验和完善它。在此过程中，我逐渐发现了自己赖以思考的模型的独特之处，并将其归纳为源思维。

源思维，这一模型不仅是本书的核心，更是我所倡导的深度思考的基石，也代表了一种回归本源、深挖本质的思维方式。在这里，“源”蕴含多重含义：**源是本源**，探究事物之基本属性；**源是根源**，发现因果之主要症结；**源是源泉**，激发人生动能之所在。

与此同时，越来越严重的一个现象也让我决定尽快写出这本书：互联网，原本只是表达观点、交流思想的工具，但今天已经悄然演变成了观点的塑造者和引领者。

互联网已经深深地融入每个人的日常生活，并以惊人的速度和广度为我们提供了前所未有的信息，但随之而来的问题是，“信息的丰富导致了注意力的匮乏”。

在浩如烟海的信息面前，人们并没有形成更理性、更全面的观点，反而出现了观点撕裂和群体分裂。比如百度公关副总裁发言不当事件，再如闹得沸沸扬扬的“胖猫”事件，我们都可以看到这种撕裂。我们曾自豪地以为，人类创造了工具，并掌控着科技的发展。然而，这些工具在无形中也在塑造我们的思维方式、行为模式甚至价值观念。

互联网算法根据我们的兴趣和偏好为我们推荐信息，这在一定程度上提高了信息获取的效率和准确性。然而，这种推荐机制也容易导致我们陷入一种伊莱·帕里泽（Eli Pariser）在《过滤泡：互联网对我们的隐秘操纵》中所说的“过滤泡”困境。在这个泡泡里，我们接触到的都是与自己观点相似的信息，而观点不同的信息则会被过滤掉。这种效应使得我们越来越难以接触到多元化的观点，从而导致思维变得越来越狭隘，观点也变得越来越极端。

更严重的是，互联网上的极端观点往往能够迅速传播并引起广泛关注。这些观点通常具有强烈的情感色彩和鲜明的立场，很容易激发人们的情绪反应。然而，这些极端观点往往缺乏事实依据和逻辑推理，甚至可能是基于虚假信息或误导性信息而形成的。它们的广泛传播不仅会误导公众，还会加剧社会群体的对立。于是，在海量信息的冲击下，我们很容易被那些看似有趣、实则无意义的信息所吸引，却忽视了那些真正重要、需要深入思考的问题。我在一篇论文中曾论述，互联网发展到今天，一个庞大而隐匿的“线上社会”已经崛起，如何处理“线上社会”的海量信息并谨防落入陷阱将是我们面临的共同挑战。而这场挑战的本质，是我们是否具有深度思考能力。

深度思考是一种能力，它让我们透过现象迅速洞见本质，并理解世界的复杂性和多样性。具备深度思考能力的人，不会被繁杂的信息和无序的表现所迷惑。谁具有深度思考能力，谁就是互联网这一工具的主人。让我们再次回到一开始提出的问题，是否人人都能够深度思考呢？

我的答案是：能，一定能！

原因在于，深度思考，是一种可训练的能力。

本书的任务，是通过源思维（一种思考模型）让深度思考变得可训练、可学习、可模仿。通过源思维，不仅可以改变我们的认知，还可以改变我们的行为。

接下来，我会先在上篇“学习源思维”系统介绍源思维的内涵、构成和路径，而在下篇“运用源思维”则会重点将源思维运用于激发人生动能的具体场景。

目 录

上篇 学习源思维

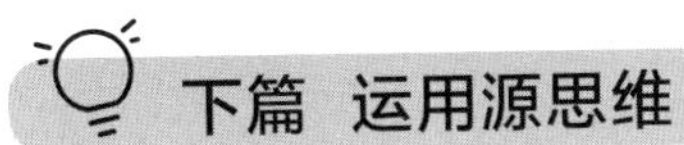

下篇 运用源思维

上篇 学习源思维

当外部环境越来越不确定时，就需要强大而稳固的深度思考模型与习惯，通过增强思考的真实力量感提升目标实现的确定性。

第一章

初识：源思维到底是什么

洞穿本质的思维模式

什么是深度思考?

顺手搜索一下，我们就可以得到很多定义。比如，帆书公众号的一篇署名文章《一个人成长最快的方式：深度思考》给出的定义是：

> 深度思考，就是把大脑训练得具有信息检索功能，能够抓重点、看本质。

香奈儿前 CEO 莫琳 · 希凯（Maureen Chiquet）所撰写的《深度思考：不断逼近问题的本质》一书，对深度思考的定义就如其副标题：

深度思考，就是不断逼近问题的本质。

当然还有很多其他定义：

艾隆·马斯克（Elon Musk）：深度思考对于解决问题和创造新事物非常重要。你需要深入研究一个问题，理解其本质和根源，然后提出创新的解决方案。

丹尼尔·卡尼曼（Daniel Kahneman）：深度思考是一种对信息进行批判性分析的能力，它涉及对信息的综合、评估和推理。这种思考方式可以帮助我们避免被表面现象所迷惑，做出更明智的决策。

卡尔·纽波特（Cal Newport）：深度思考是一种能力，它可以帮助我们更好地理解世界，解决问题，创新和进步。然而，这种能力需要不断地练习和培养。

迈克尔·西蒙斯（Michael Simmons）：深度思考是一种创造性思维，它涉及对信息的综合和重组，以及提出新的观点和解决方案。这种思考方式可以帮助我们突破常规，产生新的想法和创新。

要理解深度思考，首先必须明确区分思维层次的几个重要概念，即现象、事实和本质。这三者的关系，在哲学和认知科学领域一直是热议话题。可以将它们理解为一种层次递进的关系：从纷繁复杂的现象出发，逐步深入到确凿无疑的事实，再进一步探寻那最根本、最内在的本质。这是一个由浅入深、由表及里的思考过程，每一步都需要摒弃主观偏见，以客观、理性的态度面对和解析。

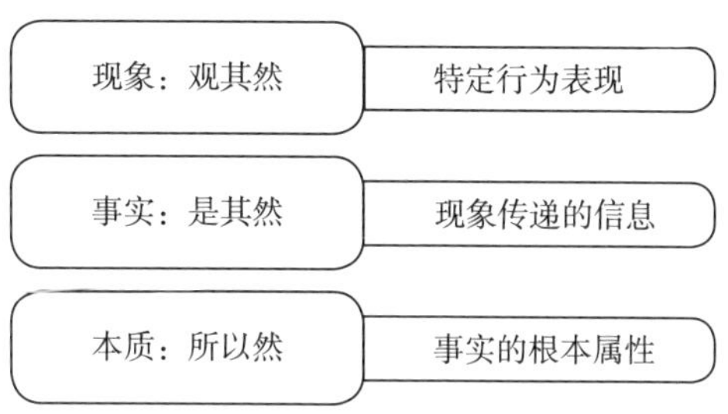

图 1-1　思维层次的三个概念

第一层：现象

现象是事物或行为的一种表现，即“观其然”。现象是事物外在的、表面的、可以被直接观察到的部分。它是事物的一种表现形式。但现象，很可能是虚假的、误导的。

比如：

小天没有交作业。

这句话描述的就是一个现象。**现象可以被看到、听到**，是人人都可以触及的层级。

第二层：事实

事实是现象传递的信息，也是现象的属性，即“是其然”。事实是对现象进行客观描述和解释的结果，是事物真实存在的状态或属性。事实通常是通过思考而得出的结论。事实比现象更为深入，它揭示了事物更内在的一面。

比如，小天没有交作业，其传递的信息可能是：

A. 时间不够不交作业。

B. 很多题不会做不交作业。

C. 对老师不满不交作业。

显然，这三个事实都不一样。也就是说，一个现象，其背后的事实有多重可能。**事实需要思考、甄别，**是不少人都无法触及的层级。

第三层：本质

本质是事实的根本属性，即“所以然”。本质需要深度思考、研判，是很多人都无法触及的层级。比如，在上述三个事实中，我们需要进一步知道：

A. 为什么时间不够？

B. 为什么很多题不会做？

C. 为什么对老师不满？

当我们在询问原因的时候，已经在进行更深入的本质探究。从现象层到事实层再到本质层，这就是深度思考的过程。如果仅仅停留在第二层，甚至第一层，都不能称之为深度思考。可见，无论哪一种定义，深度思考都与探究事物的本质有关。对本质的认识是科学研究的最高目标，因为只有把握了事物的本质，才能真正理解它、预测它、控制它。因此，可以给深度思考一个定义：**深度思考，是探究事物本质的一种思维模式。**

但是，这一定义还比较抽象，需要想办法让它变得更容易被理解。以下是老师和小天的一段对话：

老师：你好，小天，最近学习状态如何？

小天：哦……好像没什么心思学习。

老师：学习确实有时候会让人头疼。你觉得是学习难度增加了，还是有什么其他事情分散了精力呢？

小天：我也不知道，就是提不起劲儿学习。

老师：我明白了。那在学校，有没有发生什么特别的事情？

小天：我和同学……其实，最近我和几个朋友闹翻了。

老师：哦？能具体说说是什么原因吗？

小天：之前我和几个人玩得挺好的，但后来他们就不怎么理我了，我也不知道为什么。

老师：被朋友冷落确实会让人难过。那你有没有尝试过和他们沟通，或者找新朋友呢？

小天：我试过了，但他们就是不愿意和我说话。我感觉自己被孤立了。

老师：这种感觉确实很不好受。现在看来，这可能是导致你学习状态不好的主要原因？

小天：可能吧，现在我在学校感觉很不开心，所以更不想学习了。

问到这里，就知道问题出在哪里了。找到了真正的问题所在，就如同握住了解决问题的钥匙，因为问题的根源已经明确，针对这个根源寻找解决方案，自然就有了明确的方向。答案，不再是遥不可及，而是随着我们对问题的深入理解，逐渐变得清晰。此时，我们不仅对问题有了更透彻的认识，更对如何解决它增强了信心。答案，往往就是事物的本质。这一案例也表明，**在探究到事物本质之前，拿出再多措施都可能是无用功，甚至导致南辕北辙、渐行渐远。**

以日常生活中常见的情景为例：每当你热情邀请朋友共同参与某项活动，而朋友却以种种看似合理的理由婉拒时，你总会感到一股难以名状的愤怒情绪涌上心头。在这种情境下，如果只是停留在情绪表层，不去深入挖掘其背后的根源，那么你很可能就会一直困扰于这种无端愤怒之中。然而，倘若能够静下心来，对自己的情绪进行深思，或许就会发现，真正导致愤怒的，并不是朋友的拒绝行为本身，而是你自己内心深处那个过于膨胀、敏感而脆弱的自我（EGO）。这个自我就像是一个任性的孩子，它渴望得到外界的认可和关注，一旦遭遇拒绝或否定，就会感到受伤和挫败，进而引发愤怒和攻击性的反应。

深度思考和浅层思考

既然有深度思考，也就意味着存在浅层思考。

如上述，**停留在现象层和事实层的都是浅层思考**。很多人的思维只是在现象层，也就是就现象谈现象。事实层虽然比现象层更深入一些，但它仍然只是对事物进行了一定程度的还原，没有触及事物的本质。在这种思考方式下，我们可能会了解到事实，但还是无法了解事实发生的机制和机理。我们在生活中遭遇的种种困扰、误解和冲突，都可能因为我们仅仅拘泥于现象的表面，从而无法深入理解事实的真相，更无法探究到事物的本质。

如果回到思考的运作机制，深度思考与浅层思考的最大区别是：**单一断定思维主导浅层思考，多元因果思维驱动深度思考。**

举例说明：

现象：小天没有交作业。

结论：因为小天懒惰，所以他没有交作业。

这里使用的就是“单一断定思维”，其特点是：**只有一个假设**（小天懒惰）；**没有提供证明材料支持逻辑，只断定没论证；通常是内部归因**。即将原因归结为某个人或组织的内在特质，如懒惰。内部归因意味着我们往往将现象的发生归结为很难改变甚至不可改变的天性。

“单一断定思维”，这种浅尝辄止的思考方式就像一把剑，不仅割断了深入探索事物本质的可能性，更可能在挥舞之间让我们得出与事实截然相反的结论。这种思维方式，又像一个隐形的陷阱，悄无声息地潜伏在我们的生活中，时不时让我们跌入其中，甚至在不经意间伤害到他人。

小天没有交作业，这一现象摆在眼前，很容易被“单一断定思维”者迅速归因为“懒惰”。然而，真的是这样吗？我们是否曾尝试去探究这背后的原因？或许小天是因为学校的困境而分心，或许他在作业上遇到了难以解决的困难，又或许他只是需要一点点时间和空间的调整。懒惰，只是众多可能性中的一种，却往往被我们当作唯一的解释。这样的思维方式，不仅让我们对小天产生了误解，更可能让他因为我们的错误判断而受到伤害。他可能因此被贴上“懒惰”的标签，自尊心受到打击，甚至对学习产生抵触情绪。而这些，都源于过于简单、过于武断的思考方式。

现在，我们再来看看深度思考如何分析。

第一步：提出假设

现象：小天没有交作业。

关于这一现象，我们首先需要基于已有经验和知识提出尽可能多的假设。这些不同的假设，也就是我们分析事物的多元维度。**提出假设的过程往往是还原事实的过程。**

假设 A：时间不够，没有交作业。

假设 B：很多题不会做，没有交作业。

假设 C：对老师不满，没有交作业。

在探讨小天的行为时，必须谨慎地避免过度简化或一概而论。深度思考往往不会轻易地将“小天懒惰”这样的标签作为解释其行为的出发点。这是因为，诸如“懒惰”这样的内在特质描述，实际上是非常难以精确测量和界定的。

什么是懒惰？它的标准是什么？这些问题并没有固定的答案，因为人的内心世界复杂且多变。更重要的是，如果草率地将“懒惰”视为小天的内在特质，那么我们就会陷入一个逻辑上的误区。因为，如果懒惰真的是小天固有的品质，那么他应该对所有事情都表现出同样的消极态度。然而，我们发现小天在某些事情上表现得非常积极，而在另一些事情上则显得不太投入。这种差异表明，他的行为并不能简单地归因于某一固定的内在特质。

因此，需要更加细致地分析小天的行为背后的原因。也许他对某些事情感兴趣，对另一些事情则不感兴趣；也许他在某些领域有自信，在另一些领域则感到挫败。这些因素都可能影响他的行为表现，而不是简单地用“懒惰”来概括。通过这样的分析，可以让我们更准确地理解小天，从而提供更有效的帮助。

接下来，我们需要通过证据（通过观察、询问、间接了解等多种方法获得）来论证哪个假设成立。

第二步：验证假设

验证假设的过程往往是辨析因果的过程。

假设 A（简称时间假设）：为什么小天时间不够？

假设 B（简称能力假设）：为什么小天很多题不会做？

假设 C（简称情绪假设）：为什么小天对老师不满？

如果验证了假设 A，接下来我们可以再次提出假设并追问，以保证最大程度接近本质（真相）：

为什么时间不够？

如此几次，直到找到问题根源。

现在，可以针对“小天没有交作业”这一现象得出结论了。

第三步：得出结论

比如，如果时间假设被验证，则结论是：

小天没有交作业，是因为他帮助同学处理紧急事而导致时间不够。

当然，真实情况也可能是能力假设和情绪假设。

在生活中，有多少父母或老师在批评小天之前，真的走过了“多元因果思维”之路？是否曾试图拨开表象的迷雾，去探寻小天行为背后那复杂交织的原因？还是仅仅凭借一瞬间的“单一断定思维”，就匆匆为他贴上标签，画地为牢？遗憾的是，很多时候，我们的工作和生活中充斥着由“单一断定思维”所引发的误解、困扰和冲突。如此，往往是误解的加深，甚至可能引发更大的冲突。

这种浅层次的思考方式，就像是一面模糊的镜子，扭曲了我们对世界的认知，导致我们与他人之间产生难以逾越的鸿沟。我们因为缺乏“多元因果思维”的深度思考，而经常陷入各种“认知偏差”之中，无法自拔。因此：

- 作为父母，如何理解孩子行为背后的事实和本质？
  这意味着可能需要放下成人的预设和偏见，以孩子的视角去看待他们的世界。他们的每一个行为，无论是哭闹、撒娇还是叛逆，都可能是他们在试图表达自己的需求、情感或对世界的探索。
- 作为恋人，如何理解对方行为背后的事实和本质？
  这意味着我们需要穿透日常生活的琐碎和冲突，看到彼此内心深处的渴望和恐惧。因为在亲密关系中，人们往往更容易展现出真实的自我，包括那些不易被察觉的脆弱和依赖。

- 作为老板，如何理解员工行为背后的事实和本质？

  这意味着可能需要具备敏锐的洞察力和同理心，才能准确把握员工的行为动机和需求，从而制定出更加合理的管理策略，激发员工的潜能和创造力。

这些问题，都需要深度思考，认真回答。

与浅层思考相比，人们一般不愿进行深度思考，因为深度思考往往意味着：

- 要脱离惯性思维，要跳出自己看自己，这非常伤脑细胞。
- 当跳出自己看自己之后，意味着可能要否定自己。
- 要不断进入细节推演，不断往细里纵深，就像侦探一样寻找真相，就像画师一样提前把未来画出来，这非常烧脑。

既然深度思考如此累，为什么还要深度思考？这是因为它往往让我们：

- 往前走的时候有了地图，不再是东一榔头西一棒子。
- 我们会变得非常坚定，不容易被外界的质疑和声音所影响。
- 减少随波逐流带来的伤害。

深度思考的核心：辨析因果

前述讨论说明，“多元因果思维”的精髓在于因果分析。是否辨析因果，不仅是深度思考的核心所在，更是区分深度思考与浅层思考的重要标尺。我们之所以孜孜不倦地追求深度思考，很大程度上是因为渴望洞悉事物之间的因果关系，进而把握其内在逻辑和发展规律。

那么，何为辨析因果呢？简而言之，辨析因果就是通过收集证据、严密推理来验证假设的过程。它要求我们不满足于表面的相关关系，而是要深入挖掘背后的因果关系，探究“为何如此”的根本原因。

辨析因果也可以简单概括为一对关系：

因为 X，所以 Y。

这里的 Y 是果，而 X 是 Y 发生的因，也就是 Y 成立的条件。

X 也被称为变量。一个果，可能有多个因（变量），可以用 X_1、X_2、X_3……来标注。但在这么多变量中往往会有一个关键变量，即关键 X。

就此而言，深度思考的过程，是通过辨析因果找到关键变量的过程。如果无法辨析因果，就无法真正还原事实；如果没有找到关键变量，也就无法洞穿本质。

“深度思考句型”通常如下：

- 我认为，因为……
- 我预测，因为……
- 我同意，因为……
- 我不同意，因为……

往往，这些句型的上半部分我们用得都很多（因为人们从不缺观点、想法和猜测……），但后半部分则用得很少（因为少有人把“因为”讲得有理有据）。

现在想想，你平时是在浅层思考还是深度思考呢？

与深度思考相比，**浅层思考更像是一种思维懒惰**。尽管它有时可以给我们节省时间，却很容易让我们陷入各种不必要的困扰。当然，深度思考，这一探寻事物本质之旅，绝非一蹴而就的短途跋涉。为什么称之为“不断逼近”？因为深度思考往往并非一锤定音的终极结论，而是一种持续不断的思考状态。在这个过程中，我们可能会遇到各种曲折，甚至有时会觉得自己离本质越来越远。但正是这些一次次的追问、一次次的反思，让我们逐渐拨开迷雾，越来越接近事物的本质。最终，当我们经过无数次思考和追问后，终于触及事物本质时，那种言简意赅的表达方式就会自然而然流露出来。现在，我们再来看一个案例：

关上一扇门，另一扇门就会打开？

蒋勋先生在《红楼梦》研究领域享有盛誉。他曾发表过一段引人深思的话：

“很多人认为生活不公平，有些人富有，有些人贫穷，有些人健康，有些人卧病在床，有些人轻易成功，有些人却屡战屡败。但是在所有这些不公平的背后，总有一只无形的手在调节——当他在给你关上一扇门的时候，就会打开另一扇门。”

尽管这段话在情感上给予人们慰藉，但如果我们进行深入的分析和思考，就会发现：无论这句话多长，它的核心意思都是一个因果关系：

结论：一扇门关上，另一扇门总会打开。

原因：因为有一只无形的手在调节。

这个因果关系其实有些荒诞。

首先，这个结论——“一扇门关闭，另一扇门就会打开”——并不总是成立。在现实生活中，并不是每个人在遭遇挫折后都能迅速找到新的出路。有些人可能长时间处于困境之中，甚至一生都无法摆脱命运的枷锁。每个人的生活经历都是独一无二的，有些人承受着深重的苦难，有些人则过着相对顺遂的生活。因此，我们不能简单地将人生的起伏归结为某种固定的规律或模式。

其次，关于“无形的手”，其含义和性质也是模糊不清的。它究竟是指一种超自然的神秘力量，还是代表着身边的贵人相助，或是个人坚持不懈的努力？这个问题并没有明确答案。因此，在缺乏具体解释和证据的情况下，我们很难接受这样一个含糊的因果关系作为解释人生现象的依据。

确实，当我们审视广为流传的心灵鸡汤之语时，会发现那些看似充满智慧的语句在逻辑上经不起推敲。这些表述往往以一种笼统、模糊的方式呈现，让人在初读时觉得颇有道理，但稍加思考便会发现其中的漏洞。这种似是而非的智慧有时会让我们振作，但也很容易迷惑一些人，尤其是没有养成深度思考习惯的人。他们可能会被这些表面上的真理所打动，而不去深入探究其中的逻辑合理性和事实依据。然而，最能经受检验的智慧并不是来自这些经不起推敲的心灵鸡汤，而是来自对问题的深入思考和对事实的准确把握。

深度思考的本质：认知方法论

方法与方法论存在很大区别。

方法（method）是完成某件事情的具体步骤或技术。方法论（methodology）是指导人们如何进行思考和行动的原则和理论框架。在哲学领域，亚里士多德的逻辑学可以被看作一种方法论，它提供了一套关于论证、推理和论证评价的原则。而我们熟悉的“三段论”（以“大前提”+“小前提”+“结论”为结构的论证方式）则是一种方法，它提供了一种构建论证的特定方式。比如：在教育领域，建构主义教育理论可以被看作一种方法论，它提出了一种关于学习和教育的新观点，强调学生的学习主动性和认知建构过程。而项目学习法则是一种方法，它提供了一种让学生通过实际项目来学习的教学策略。在计算机领域，算法可以被看作一种方法，它规定了如何完成特定的任务，如排序或搜索。而算法分析则是一种方法论，它提供了一种框架来评估和比较不同算法的性能。

总的来说，方法论可以被视为高屋建瓴的导航灯塔，它为我们提供了研究问题、解决难题的总体方向。而与之相对应的方法，则是在这座灯塔的指引下，所采取的具体行动和实践。打个比方：假设方法是一把能够打开知识宝库的钥匙，那么方法论就是那本详尽的寻宝图，它不仅告诉我们钥匙可能藏在哪里，更重要的是，它教会我们如何寻找这把钥匙，如何识别和使用这把钥匙。在这个意义上，**方法论可谓是“方法的方法”**，关于方法的智慧和方法的升华。

即便是同一种方法，应用在不同的人身上，其产生的影响和效果也会因人而异。一方面，我们无法简单地复制一个成功者的轨迹，因为每个人都拥有独一无二的自我意识、个体特性，甚至先天赋予的条件。在人生的征途上，每个人都需要跨越重重关卡，但遗憾的是，没有一把万能钥匙能够打开所有的门。

很多人习惯从被定义为成功者的人身上汲取“人生经验”，仿佛按照他们的步骤行事，就能在未来的某个时刻收获同样的成果：20 岁时做什么 30 岁时能用上，30 岁做什么 40 岁时不后悔，40 岁做什么 50 岁时会静好，等等。然而，这些经验是成功人士在他们自己的人生道路上一步步摸索出来的，并不一定适合其他人。因为每个人的生活环境、成长经历、价值观等都是不同的，所以从别人那里得来的方法往往并不适用，它更像是别人的钥匙，而不是我们的。

虽然拿着别人的钥匙很难打开自己的门，但成功和失败背后的因果关系，即方法论，却可相通。别人的人生经验有没有用，并非取决于别人能传授多少经验，而是取决于我们能从别人的人生经验中认知到什么。也就是说，我们是否拥有自己获得钥匙的工具。

深度思考不仅需要掌握具体的方法，还要理解这些方法背后的原理，从而形成一套完整的思考体系。深度思考具有这些特点：

深度思考是批判性思维。它涉及对信息的分析和评估，以及基于证据的证明。这种思考方式可以帮助我们避免被现象所迷惑，并做出更明智的决策。

深度思考是反思性思维。它涉及对自身想法和行动的反思和评价。这种思考方式可以帮助我们更好地了解自己，改进自己的思考和行动。

深度思考是创造性思维。它涉及对信息的综合和重组，以及提出新的观点和解决方案。这种思考方式可以帮助我们突破常规，产生新的想法和创新。

如何提供百度也搜不到的答案?

多年前，我参与了一场大学自主招生面试。面试接近尾声时，我向那位高三学子询问："你还有什么疑问或想要了解的吗？"

他的回应却出乎我的意料："老师，我没有任何问题，因为在我看来，所有的问题都能在百度上找到答案。"

这个回答像一块投入平静湖面的石子，让我们感到震惊，这个学生显得过于自负，甚至有些目中无人。但冷静之后，我却试图探究他话语背后的深层含义：他为何会持有这样的观点？他想要传达什么信息？又为何选择以这种方式表达？很快，我恍然大悟。

我们所处的时代信息爆炸，答案无处不在。对于新世代的年轻人来说，他们从小就浸润在互联网的海洋中，网络是他们学习、探索和认知世界的主要渠道。于是，这给父母、老师、公司管理者乃至政府决策者都提出了新挑战：如果答案可以如此轻易地在网络上得到，那么我们还能为他们提供什么？或者说，我们又如何为他们提供“百度也搜不到的答案”？

对于新世代而言，**答案本身或许并非最重要的，更重要的是如何甄别、选择乃至创造自己的答案**。因此，我也希望这本书就是一个“创造答案”的重要工具。

学会深度思考，才能产生思想

深度思考旨在探究事物本质，但这个过程非常艰辛，因为并非人人也并非事事都能到达本质。歌曲《雾里看花》，其中的歌词非常贴切：

你知哪句是真，哪句是假
哪一句是情丝凝结
借我借我一双慧眼吧
让我把这纷扰看个清清楚楚、明明白白、真真切切

如何“清清楚楚、明明白白、真真切切”，这需要“慧眼”。所谓“慧眼”，就是思考和认知的深度。而唯有深度思考，才可以让

我们追根溯源，探究本质，见他人之所未见，想他人之所未想，即形成洞见。丽贝卡 · D. S 科斯塔（Rebecca D. Costa）在《即将崩溃的文明》一书中提到，洞见是一种非常具有灵性的心灵体验。在深度思考的过程中，我们可能会产生许多想法和观点，但并非所有想法和观点都是洞见。洞见是一种特殊的、深刻的认识，它通常具有原创性、深刻性和启发性。作为深度思考的一种结果，洞见的精妙性，源自深度思考的稀缺性。

持续积累洞见并系统化，就形成了思想。**思想，是系统化的洞见。**

亚里士多德在《形而上学》中提到，思想是通过对经验和观察的深入思考形成的。康德的《纯粹理性批判》中指出，思想是理性对感性材料的加工和综合。可见，形成思想需要深度思考、理性加工、历史文化背景和社会实践等多方面的因素。如果思想是系统化的洞见，而深度思考可以形成洞见，那么思想就并非学者的专利。**如果每个人都能深度思考，则每个人都能形成自己的思想。**

ChatGPT 等巨型人工智能（AI）模型引发了全球热议。这些模型以其卓越的智能表现，使我们不得不重新评估人工智能的潜力与价值。随着技术的日益精进，那些简单、重复、浅层的思考任务正逐步被机器所替代；相反，深度思考所孕育出的思想成果愈发显得弥足珍贵。这些思想，是理性与逻辑严密交织的产物，它们在推理论证的过程中不断自我完善，最终形成了坚不可摧的智慧结晶。同时，它们也蕴含着文化的厚重，能够在不同背景、不同观念的人们之间架起沟通的桥梁。此外，这些思想还充满了想象力与创新力的火花，它们勇于挑战现状、探索未知，为进步不断注入新的活力。

我们来看一个对比：

ChatGPT 能否取代咨询师

与 ChatGPT 的对话

你：最近我老是心神不宁，吃不下、睡不好，连注意力都集中不起来了。

ChatGPT：很抱歉听到你状态不佳。有什么是我可以帮你分担的吗？或者，你也可以试试做些轻松的事情，比如看看书、到公园里走走，或者找亲朋好友聊聊天。要不，报个兴趣班去换换心情也挺好的。

你：主要是男朋友最近和我提了分手。我真的完全没想到，而且他连个解释都不肯给。

ChatGPT：真的很抱歉听到你遭遇这样的事情。失恋确实是个沉重的打击，心情低落是完全正常的。你可以找朋友谈谈心，把心里的不痛快都说出来，这样或许能好受些。另外，你也可以试着练练冥想，或者找些新的活动去做，这样既能帮你重拾自信，也能帮你找到新的生活方向。

你：你别老是给我建议好不好，我现在更需要的是你的安慰……

咨询师的对话摘自苏珊·班德（Suzanne L.Bender）等人所著

《心理治疗师的问答艺术》，具体如下：

与真人治疗师的对话

萨利：嗯，我最近一直寝食难安……注意力也无法集中。

治疗师：可以说得具体一点吗?

萨利：嗯。我本来总是精力旺盛的。现在却一点儿也提不起劲儿。拿上周六来说吧，我就一直待在屋里听音乐。阳光如此明媚，我却躲在屋里，一边听着悲伤的歌曲，一边泪流满面。太不协调了！

治疗师：听起来你很痛苦。你觉得这是为什么呢?

萨利：首先，我仍无法相信查利和我分手了。对我来说，这真是晴天霹雳！我真是始料未及，而且他根本不给我任何解释。嗯，不过，他确实提过一件我令他不快的事……

治疗师：什么事?

萨利：我也说不清楚，也许跟我说话的语气有关。有时，当我向他表明我的观点时，他会抱怨我在干涉他。事实上，我根本不是那个意思。我是个很敏感的人，和查利在一起，我总是很注意自己的言行举止。这是我第一次真正深爱一个人。但我总是由我挑起事端，造成分手的。(伸手取纸巾)

治疗师：这是什么时候的事?

萨利：大约6个月前。

治疗师：你持续忧伤了6个月，由此可见，查利对你来说真的很重要。可以详细谈谈你们之间的交往与分手吗？

在探讨AI与专业咨询师的差异时，不难发现一个区别：当我们向AI倾诉时，它往往会迅速地提出一系列建议和思考方向。然而，这种机械化的回应往往缺乏情感共鸣，使我们感受到的不是安慰，而是一种隔阂和失落。这是因为AI的建议虽然逻辑严谨，但目前还缺乏人性温度，未必能真正触及我们的内心。

相比之下，咨询师在面对来访者时，却鲜少直接给出建议。这并不是因为他缺乏解决问题的能力，而是因为他深知给出建议背后所隐含的意味：将自己的看法强加于人。这种做法可能会暂时解决问题，却无法帮助来访者培养自主思考和解决问题的能力。因此，**咨询师更倾向于通过鼓励来访者自主思考，引导他们深入探索自己的内心世界**。在这种安全、温暖和开放的关系中，来访者能够逐渐放下防备，勇敢面对自己的问题和困惑。咨询师更像是一位引路人，他的目标不是替来访者解决问题，而是帮助他们找到自己的力量，成为更加独立、自主的个体。

在未来的发展中，AI无疑将在许多方面提供强大支持。然而，我们仍需清晰地认识到，在现阶段，AI依然难以与人类建立起深远而稳定的关系。这是因为，关系的建立与维护，涉及诸多复杂而微妙的因素，其中包括对潜意识的理解、对身体语言的解读以及共情与共鸣的能力。潜意识是我们内心深处的隐秘世界，它蕴藏着我们的情感、记忆与动机，而AI目前还难以深入探索这一领域。同时，身体语言是我们与他人沟通的重要方式之一，它包含了丰富的非言语信息，而AI在解读这些信息时往往显得力不从心。至于共情与共鸣，它们更是人类独有的情感体验，是我们与他人建立深厚联系的关键，而这也是AI所无法企及的。

值得注意的是，这些难以被AI替代的要素，恰恰属于深度思考层面的内容。深度思考不仅要求我们具备严密的逻辑思维能力，还需要我们拥有丰富的情感体验和深厚的人文素养。只有这样，才能真正理解并应对世界的复杂性。我们应该看到，**真正能够取代我们的不是AI本身，而是能够借助AI进行深度思考并生产思想的人。**

第二章

理解：
源思维的三点作用

源思维：深度思考的基石

“源思维”这一概念，深受古代哲学家智慧之启迪。他们秉持着一种信念：世间万物，无论多么纷繁复杂，皆有其本源。若要洞悉事物的内在本质，就必须逆流而上，追溯其源远流长的起始。正如前文提及，这里的源，是本源（探究事物之基本属性），是根源（发现因果之核心症结），是源泉（激发人生动能之所在）。

概括而言，**源思维，是从还原事实、辨析因果到锚定切口的深度思考模型**。

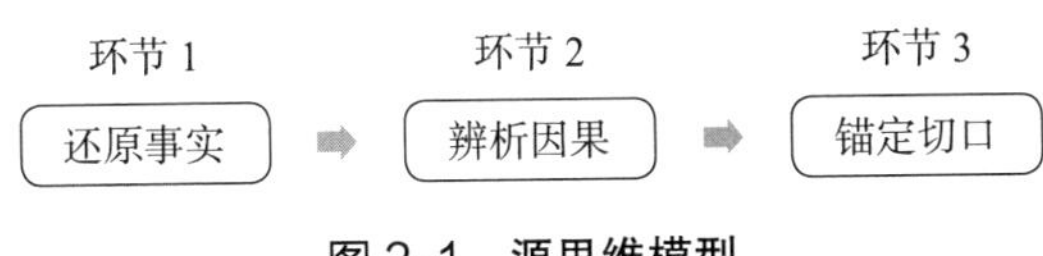

图 2-1 源思维模型

1. 环节 1：还原事实

事实与现象有关。透过现象还原事实，是源思维模型的第一步。

在古希腊哲学巨匠柏拉图（Plato）的经典之作《理想国》中，他提出了著名的“洞穴理论”。柏拉图认为，人类犹如被囚禁在幽暗洞穴中的囚徒，只能看到洞壁上摇曳不定的影子，而这些影子仅仅是外界事物的苍白投影。在充满迷雾的世界中，只有通过理性思考的灯塔，才能照亮前行道路，逐渐发现事物的本质和真相。柏拉图用这一理论指出，现象与事实之间存在着巨大鸿沟。现象如同那些虚幻的影子，它们只是事物的表象，而事实则是隐藏在表象背后的真实本体。要想揭开事物的神秘面纱，就必须勇敢走出洞穴，直面阳光下的真实世界。

而在 20 世纪的哲学舞台上，另一位杰出的思想家维特根斯坦（Ludwig Wittgenstein）在其《逻辑哲学论》中提出了与柏拉图异曲同工的“语言游戏”观点。维特根斯坦认为，现象和事实在语言表达中呈现出不同的层面。语言如同一座复杂的迷宫，现象只是语言表达的表面意义，它们像是迷宫中的指路标识，而事实则是隐藏在标识背后的深层意义，等待着我们去探索和发现。在维特根斯坦看来，只有通过参与语言游戏，才能真正理解事物的本质和真相。语言游戏不仅是一种表达和交流的工具，更是一种揭示事物真相的哲学方法。通过深入剖析语言的逻辑和结构，我们能够逐渐剥离现象的表层意义，触及事物的核心和本质。

可见，柏拉图和维特根斯坦虽然生活在不同时代，但他们都认为，在这个充满假象和幻象的世界中，只有通过理性思考和深入探索，才能发现事物的本质和真相。

简而言之，现象与事实，两者宛如冰山一角与深藏海底的巨大冰山本体。现象，就如同我们站在岸边，远远望去的海面浮冰，只是世界呈现在我们眼前的一个片面、表层的直接感受和观察。而事实，则是那深不可测、庞大无比的海底冰山，它潜藏在现象的背后，是构成世界真实面貌的基石和本质。

要从纷繁复杂、多变易逝的现象中，还原出隐藏极深、稳定不变的事实，实非易事。

在丹尼尔·卡尼曼（Daniel Kahneman）的《思考，快与慢》中，他提出了“系统 1”和“系统 2”这两个概念，用以阐释复杂而微妙的思考和决策过程。

“系统 1”，是一个快速、直觉性、无意识的思考系统。它如同我们思维中的自动驾驶模式，凭借着丰富经验和习惯，让我们在瞬息万变的环境中迅速做出反应。这种思考方式省时省力，但有时候也容易让我们陷入偏见和误区。

“系统 2”，则是一个缓慢、逻辑性、有意识的思考系统。它需要我们主动投入更多的精力和注意力，对问题进行深入的分析和推理。现象和部分事实，往往是“系统 1”的产物。它们是我们凭借直觉和经验迅速得出的结论，有时候可能与事实相去甚远。而全部的事实和本质，则需要我们运用“系统 2”进行深入的思考和分析。只有通过“系统 2”的审视和检验，我们才能够拨开现象的迷雾，触及事物的真实面貌。这种运用“系统 2”进行深入思考和分析的过程，正是“深度思考”。

按照源思维模型，如何还原事实也是有步骤、可训练的，分为三步：**识别关键概念、定义关键概念、重新表述事实。**

第一步		第二步		第三步
识别关键概念	➡	定义关键概念	➡	重新表述事实

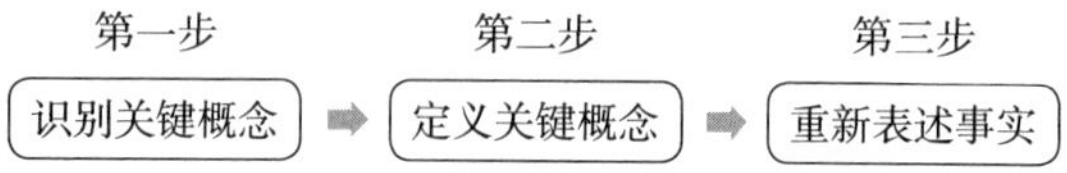

图 2-2　还原事实

第一步：识别关键概念

> 现象：老师说小天不听话。
>
> 关键概念：不听话。

第二步：定义关键概念

那么，当老师在说小天不听话的时候，到底是什么意思呢？

当老师在说小天不听话的时候，其实已经省略了参照对象，也就是“不听谁的话”。因此，这句话的完整表述应该是：

> 现象：老师说小天不听老师的话。

这个补充看起来有点绕，但其实非常必要。因为只有明确了不听谁的话，我们才能展开后面的分析。补充完整以后，也就可以定义“不听话”了。但这里又出现了第二个关键概念，即“话”。

“话”又是什么意思呢？结合我们的经验和知识，大概有如下几个意思：

A. 指学校制订的制度。

B. 指老师对班级行为的要求。

C. 指老师说过的任何的话。

第三步：重新表述事实

于是，老师说小天不听话可能是指：

A. 小天不遵守学校制度。

B. 小天的行为不符合老师提出的班级要求。

C. 小天与老师的意见不一致。

显然，以上三种表述的事实都不相同。但很多时候，当父母听到老师说孩子不听话的时候，可能都不清楚发生了什么，就已经开始指责和批评孩子。

你发现问题了吗?

确实，如果父母或老师在处理孩子的问题时，不先还原事实，而是仅凭表面现象或一时冲动就对其进行无端指责，那么这种做法很可能会带来一系列严重的后果。这种仓促的反应不仅可能让真正的问题被掩盖，还会让父母或老师失去帮助孩子解决问题的宝贵机会。更糟糕的是，这种处理方式还会导致父母与孩子之间积累越来越多的不信任和隔阂；孩子也可能会因为感到被误解和打击而变得沮丧和消沉，甚至一蹶不振。

以此类推，在生活和工作的其他领域中，如果不能先冷静下来，客观地分析和还原事实，而是仅凭一些片面的信息或冲动的情绪就做出反应，那么我们就可能会做出错误的判断，导致不必要的冲突和误解。

还原事实，是真正解决问题的前提。

2. 环节 2：辨析因果

在还原事实并重新表述事实的基础上，第二个环节是辨析因果。辨析因果，就是找到变量特别是关键变量。步骤如下：

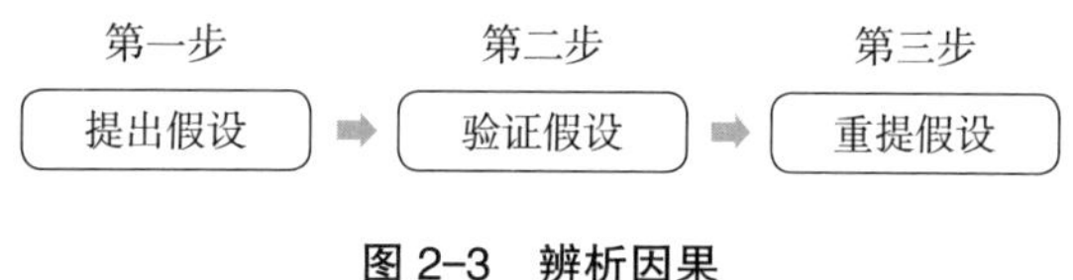

图 2-3　辨析因果

还是小天的案例。辨析因果要回答的是：

A. 为什么小天不遵守学校制度？

B. 为什么小天做事不符合老师提出的班级要求？

C. 为什么小天与老师意见不一致？

第一步：提出假设

以小天不遵守学校规定为例，我们可以结合经验和知识提出以下几种假设：

A. 能力假设：小天无法做到学校规定的要求。

B. 心态假设：由于某些原因小天不愿遵守学校规定。

C. 制度假设：某些学校规定本身存在不合理之处。

第二步：验证假设

以上哪个假设成立呢？这需要找到充分证据来验证：

- 收集证据：这些证据应该是客观的、真实的。
- 分析证据：这个过程应该是中性的、理性的，并且能够得出明确的结论。

在自然科学和社会科学研究殿堂中，研究者会使用多种精密的方法来收集和分析证据，这些方法通常被用来解锁自然界的奥秘和人类行为的密码。比如：实验法，通过精心设计的实验条件，探究变量之间的因果关系；问卷调查法，以标准化的问卷为工具，广泛收集大众的意见和看法；结构化访谈法，通过深入而有序的对话，挖掘受访者的内心世界；大数据法，利用庞大的数据集和先进的算法，揭示隐藏在数据中的模式和趋势，等等。

然而，当我们走出实验室，踏入日常生活的纷繁世界，收集证据的方法便需要更加灵活和多样：与当事人直接沟通，是一种直接而有效的方式。通过面对面的对话，可以捕捉到对方言语中的微妙变化，洞察对方的真实想法和感受；观察和记录，则能帮助我们发现一些被忽视的细节，这些细节往往蕴含着问题的关键所在。此外，通过第三方侧面了解，也是一种重要的补充手段。第三方可能会提供不同的视角和信息，帮助我们更全面地理解事情的来龙去脉。

第三步：重提假设

在科学研究中，时常会遇到这样的情况：经过艰辛的数据收集与深入的分析后，发现原先提出的假设并不成立。这时，研究者并不会气馁或轻易放弃，而是会再次提出新的假设，重新投入证据的收集与验证中去。这个过程可能会经历数轮甚至数十轮的迭代，每一步都充满了挑战与不确定性。但正是这种锲而不舍的精神和科学方法的严谨性，保证了我们最终能够揭示真相。

当然，在日常生活中，我们并不需要如此严格地按照科学方法的步骤来辨析因果。但如果能够将辨析因果隐性地嵌入到日常生活中，无疑会大大提升我们的认知层次。我们会变得更加善于观察、思考和判断，不会轻易被各种似是而非的现象所迷惑。

3. 环节 3：锚定切口

思考的目的是引导我们行动，帮助我们在生活的海洋中找到前进的方向；而深度思考，更是为了确保我们的行动正确无误，避免在复杂的现实世界中迷失方向。

想象一下，一个人沉浸在思考中，不断地在脑海中构建各种理论和设想，却从未付诸实践。这样的思考，虽然可能充满了智慧，但终究只是纸上谈兵，无法对生活产生实质性的影响。因为真正的改变和进步，都源自行动——只有通过行动，我们才能将思考转化为现实的力量。思考和行动是相辅相成的：思考为行动提供智慧和方向，而行动则为思考提供实践和验证。

深度思考并非停留在还原事实和辨析因果的层面，它更是一个系统的过程，其终极目标牢牢锁定在问题的解决之上。换句话说，深度思考必须为实际行动提供明确而有力的指引。我将这一关键环节称为“锚定切口”。

吉姆·柯林斯（Jim Collins）在《从优秀到卓越》中强调：“在任何一个成功的组织中，都有一些具有远见卓识的人，他们能够看到别人看不到的东西，但是他们的成功并不是因为他们的远见卓识，而是因为他们采取了行动。”锚定切口，就是在浩繁复杂的因果网络中精准地找到那个能够引发连锁反应、进而解决问题的关键突破口。锚定切口这一环节，让源思维模型构成了闭环，即从深度思考到有效行动的闭环。

锚定切口，要求我们在深度思考的过程中，不仅要洞察问题的本质，还要善于在错综复杂的因果关系中抽丝剥茧，找到最薄弱、最易突破环节。这一过程就如同在茫茫大海中寻找岛屿，我们需要借助辨析因果这座灯塔，避开那些看似重要实则无关紧要的纷扰。最终，当我们找到了那座岛屿——也就是问题的解决方案时，还需要勇敢采取行动，跃入水中，游向它。

如何锚定切口呢？步骤如下：

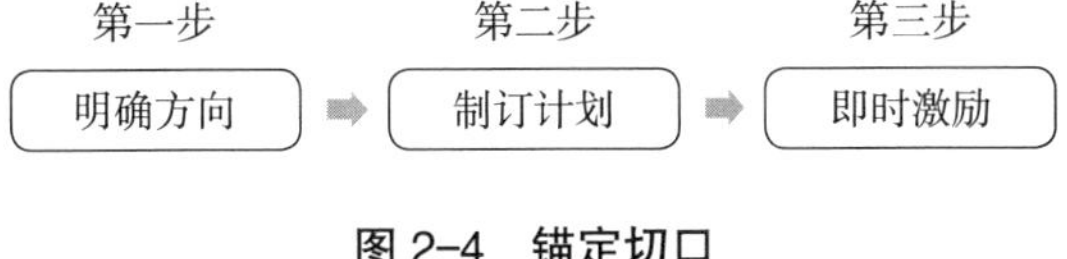

图 2-4　锚定切口

第一步：明确方向

在辨析因果的基础上，我们验证了假设，找到了问题的根源，那就可以针对问题对症下药了，也就是明确改进和解决的方向。

- 如果是 A 能力假设：那就需要提高小天的能力。
- 如果是 B 心态假设：那就需要调整小天的心态。
- 如果是 C 制度假设：那就要看看如何改进学校的不合理规定。

第二步：制订计划

针对上述方向，需要制订详细或者简单的行动计划。这一点在后文详述。

第三步：即时激励

我们的行动意愿在很大程度上会受到即时激励的左右。为什么那么多人对游戏如此热衷？其中一个重要原因就是游戏精心设计了即时激励机制。在游戏中，玩家每完成一个小任务或挑战，都能立刻获得相应的奖励和认可，这种即时的成就感让玩家欲罢不能。事实上，无论是游戏还是学习，其底层逻辑都是相通的。它们都是在探索未知的世界，在不断试错中发现规律，建立信息和知识碎片之间的联系。然而，游戏之所以能够吸引我们长时间投入其中，很大程度上是因为它所具备的操纵性、互动性、及时回馈的奖励机制以及视觉沉浸式体验。这些元素共同作用，让我们在游戏中更容易保持兴趣和注意力，更容易进入所谓的“心流”状态。相比之下，很多学习方式往往显得枯燥和单调，缺乏乐趣和吸引力。这也就不难理解为什么许多人在面对需要坚持的事情时难以持之以恒——或许并不是这件事本身难以坚持，而是承载这件事的形式和运作机制需要优化和改进。

换言之，如果想要推动某项行动，就需要考虑如何引入或创造即时激励。“切口”，也就是行动的起点或突破口。

一个好的切口，必然具备即时激励性。即时激励性，顾名思义，就是能够让我们在采取行动的瞬间，就感受到某种回报或满足感的特性。这种特性，如同磁铁一般，吸引、激发着我们内心深处的行动力。只有当人们能从行动中尽早获得某种回报或满足感时，才更有可能采取进一步行动。因此，在设计和选择切口时，如何融入即时激励元素就显得尤为重要。

如果不能准确地找到问题的切入点和解决路径，那么思考就很容易陷入空泛。来看一个案例：

好好读书就有出息?

小天在初中时对读书产生了怀疑，并开始逃课，学业成绩也随之急剧下滑。尽管父母反复强调“好好读书，将来才会有出息”，但他仍然无法理解读书与有出息之间的联系。他甚至看到身边一些并未读太多书的人也获得了成功，这进一步加深了他的困惑。

这里，可以看到小天与父母之间的差异主要集中在：

首先，对于“有出息”的定义存在分歧。是财富积累？名声远扬？还是其他？每个人对与出息的定义都不尽相同，而小天显然还未找到自己的答案。

其次，关于读书与有出息之间的因果关系，小天持有怀疑态度。读书与有出息之间确实存在着一条因果链，但这条链条很长，使得很多人难以看到其内在联系。比如，如果将“成功”定义为经济上的富足，那么这条因果链可能如下：努力读书——取得优异成绩——进入一流大学——获得高薪工作——实现经济成功。显然，这其中的每一步都并非必然成立，也就是说，前一步并不总是后一步的充分条件。

这种不确定性大大增加了小天对读书与有出息之间关系的怀疑。因此，他很容易受到诸如“某某虽然好好读书，但最终还是一事无成；而某某即便不读书，也同样有出息”这一想法的影响。于是，小天的心态是：某某好好读书，也没出息；某某不读书，也有出息。这样想的小天，怎么可能好好读书呢？

而对父母来说，借助源思维，至少可以尝试以下几点：（1）不要使用“有出息”这种模糊的笼统概念，而是和他一起确定清晰的目标（还原事实）；（2）分析好好读书与这一目标的关联，并指出概率（辨析因果）；（3）进一步与小天讨论，如果不读书，如何达成这一目标（锚定切口）。

以上，构成了完整的源思维模型。

如果没有运用源思维模型作为思考的基石，我们很可能会在不知不觉中陷入一系列“不良思维习惯”的泥潭。这些习惯就像隐形的陷阱，阻碍着我们对世界的清晰认知和理性判断。

例如：在没有充分还原事实的情况下就急于辨析因果，这种草率的做法往往导致我们对问题的理解偏离了真相。又或者，在缺乏深入辨析因果的情况下就匆匆得出结论，这种轻率的态度很容易让我们陷入以偏概全、一叶障目的误区。此外，立场先行、否定异己也是一种常见的“不良思维习惯”。我们往往因为固守自己的立场而排斥其他观点，这种做法不仅限制了视野，也阻碍了思想的交流和碰撞。用情绪宣泄代替辨析因果同样是一种需要警惕的思维误区。当情绪占据主导时，我们很容易失去理性，无法冷静客观地分析问题，从而做出错误的判断和决策。

作用一：领悟科学精神

深度思考不只是一种认知方法论，而且是科学的认知方法论。

科学的认知方法论主张，知识并非凭空产生或通过直觉、信仰乃至权威的声音单方面灌输而来。相反，它源于严谨的科学方法，这种方法建立在观察、实验和推理的坚实基础之上。科学哲学家卡尔·波普尔（Karl Popper）在其里程碑式的著作《科学发现的逻辑》中深入阐述了这一核心理念。他认为，**一个真正的科学结论必须满足两个至关重要的标准：可证伪性和连续性。**

可证伪性是指一个结论，一定可以假设出来一种可观测的条件；这个条件如果不成立，那么这个结论就是错误的；而如果某个结论具备这样的性质，它就是可以用科学的方法来研究。《社会科学研究：从思维开始》提到："对哲学家来说，'真理'这个词就像块鲜美牛肉大受他们的欢迎。科学更倾向于在不那么高贵的领域里工作，这个领域有一些可证伪的陈述构成，他们能被其他人检验。”例如，关于“上帝是否存在”命题，在“上帝全知全能”的前提下，不管观测到什么情况，都可以说这是上帝的意志，那么就不存在一种条件，可以使得“上帝存在”这命题是假的。因此它不可证伪，就不是科学的范畴。

连续性则要求科学结论在时间和空间上保持一致性，即在条件成立的前提下，该结论在过去是对的，在将来也是对的，在中国是对的，在美国也一样。也就是说，科学结论在时间和空间上是连续一致的。基于科学的这个特质，我们才能够基于科学成果建造工具、发展技术和推测未来。

尽管科学在现代生活中扮演着至关重要的角色，但其历史并不像我们想象的那样悠久。事实上直到 17 世纪，随着牛顿等伟大科学家的出现，人类社会才开始逐渐构建科学认知的基本框架。在此之前，人类对世界的理解更多地依赖于直觉、经验和宗教信仰。科学的出现无疑给我们的生活带来了极大的便利，它推动了技术的进步，改变了人类文明的进程。然而，尽管科学在我们心中占据了崇高的地位，但它并不意味着绝对正确。相反，**科学的真正生命力在于它的谦逊和开放。它从不宣称自己拥有终极真理，而是始终保持着对未知的探索和对错误的警惕**。每一个科学结论都是在特定条件下得出的，都有其有限的应用范围。当新的证据出现时，科学愿意调整自己的结论，以适应更广泛的事实。此外，科学也承认自己的局限性。尽管它已经解释了许多自然现象，但仍然有许多未解之谜等待着我们去探索。这些未解之谜提醒我们，科学并不是万能的，它也有自己的边界和限制。

在人类历史的长河中，科学的认知方法论并非始终占据主导地位，相反，科学往往“不如神话、阴谋论、迷信和直觉那样流行，后者在它们试图预测或控制的事件发生之前使人有确定感，尽管事后很少如此。”也即，科学常常在与神话、阴谋论、迷信和直觉的较量中显得相对冷门。这些认知方式，尽管在逻辑和证据上往往站不住脚，却在特定时期和文化背景下拥有广泛受众。它们之所以能够流行，很大程度上是因为它们能够在事件发生之前给予人们一种确定感，尽管这种确定感在事后往往被证明是虚幻的：神话，作为人类早期对世界的解释，以其丰富的想象力和神秘感吸引着无数人的信仰；阴谋论，则以其对复杂事件的简单化解释和对幕后黑手的揣测，满足了人们对未知的好奇心和对权力的警惕；迷信和直觉，更是以其无法言说的神秘力量，让人们在迷茫中找到一丝安慰。

尽管科学在流行度上并不总是占据优势，甚至时常面临各种竞争者的挑战，但这些竞争者最终往往在历史长河中黯然失色。因为科学不仅仅是一种解释世界的工具，更是一种不断自我更新、不断追求真理的精神。它不以迎合人们的短暂需求为目的，而是以揭示世界的本质和运行规律为己任。这种对真理的执着追求和不断自我完善的精神，正是科学的可贵之处。

基于对科学的深入理解，我们可以认为，科学精神不仅仅是在科学探索过程中所持有的立场和态度，更是一种内在的精神力量，它驱动着科学家不断前行，在未知的海洋中探寻真理的灯塔。**在本质上，**

科学精神是一种求真精神。这里的“真”，并非空洞无物的哲学概念，而是可以通过严谨的实验和缜密的推理得以验证的事实。他们坚信，只有通过科学的方法，才能揭开自然界的神秘面纱，探寻到隐藏在现象背后的本质和规律。正是这种求真精神，赋予了科学独特生命力：

在远古时代，当成体系的科学或自然哲学还远未出现，人类需要一种力量来区分真实与梦幻，走出蒙昧。这种帮助人类认识世界、追求真理的精神，可以被视为科学精神的最初源头。

古希腊时期，人们开始以一种新的方式探讨自然和历史的原因，且不再将其归结为超自然力量。他们致力于汇聚人类的知识与思想，并在此基础上进行创新。这种追求理性、探索自然的精神，正是科学精神的重要体现。

在9世纪至11世纪的阿拉伯世界，学者们勇敢地采纳了亚里士多德哲学，将其用于构建伊斯兰神学和自然知识体系。这种勇于吸收外来文化、推动知识创新的精神，同样体现了科学精神的核心要义。

到了13世纪的欧洲，学者们经历了从谴责亚里士多德到以其自然体系为参照构建经院哲学知识体系的转变。随后，在16世纪至17世纪，学者们发展出了相对成熟的归纳法和经验科学。这种不断反思、追求进步的精神，正是科学精神的持续发展和深化。

而在20世纪80年代以后的中国，人们秉持着锐意改革、敢于摸着石头过河的精神，推动了社会的快速发展和进步。这种勇于探索、不断创新的精神，也是科学精神在现代社会中的重要体现。

总体而言，科学精神是一种深植于理性、探索与创新这三大核心价值的精神风貌。它倡导人们以开放的心态接纳新知，坚守对事实和证据的尊重，严格遵循科学的方法和规范。科学精神的重要性不仅限于科学领域，更渗透于我们的日常生活之中。在现实生活中，每个人都是独一无二的个体，彼此间存在着显著的差异。这种现象就好比虽然我们表面上都在说普通话，但实际上每个人所讲的却是一种独特的“方言”——尽管每个字都认识，但当它们组合在一起时，我们却往往难以准确理解对方的真正意图。而科学精神，恰恰能够帮助我们打破这种沟通障碍，让我们学会使用一种有助于正常交流的“思维普通话”。它教会我们以客观的态度看待问题，用科学的方法和逻辑去分析事物，从而更加准确地理解他人的观点和意图。

实际上，**生活的底层逻辑是由无数对错综复杂的因果关系编织而成**。这些因果关系就像一张巨大的网，将我们的每一次行动、每一个决策都与未来的结果紧密相连。要想在这张网上行走自如，前提就是以科学精神去探究、去理清这些基本的因果关系。源思维，帮助我们更深入地剖析事物的内在逻辑，找到那些隐藏在表象之下的因果关系，从而为行动提供明确的指引。

作用二：驾驭日常生活

《论语》记载，孔子曾回顾自己的人生轨迹：“吾十有五而志于学，三十而立，四十而不惑，五十而知天命，六十而耳顺。”此语道出了孔子人生各个阶段的独特领悟与境界升华：

在翩翩少年之际，孔子便立下了宏伟的志向——致力于学问之道。他孜孜不倦地汲取着智慧的甘泉，渴望着洞察世间的真理。

当三十而立的年华悄然来临，孔子已经建立了自己的人生价值观和道德标准。他深知人生的意义并非简单的物质追求，而是对真、善、美的执着坚守。

迈入四十岁的门槛，孔子对事物有了更加清晰的理解和判断。他不再为纷繁复杂的现象所困惑，而是能够透过现象看本质，把握事物的内在规律。

五十岁时，孔子更是领悟到了人生的命运和使命。他明白，每个人都有自己的角色和位置，而人生的意义就在于顺应天命，努力做好自己的本分。这种洞察让孔子在面对困境时依然能够保持平和与坚定。

到了六十岁的高龄，孔子已经达到了一个更高的境界——耳顺。他能够接纳和包容各种不同的观点，不再轻易与人争辩。因为他知道，世界是多元的，每个人都有自己的见解和选择。

在孔子看来，人的一生是一个不断学习和成长的过程。每个阶段都有其特定的任务和挑战。

孔子所谓“四十不惑”的“惑”究竟是什么呢？当我们步入人生的这一重要阶段，许多人都会开始反思自己的生活，试图解开那些萦绕心头的迷惑。其中，最常见的“惑”大抵可以分为两种：

- 对于成功人生的定义。
- 关于如何达成成功的路径，即成功的因果关系。

关于第二个问题暂且搁置不议，因为本书致力于对此做出回答。

回到第一个问题，对于成功人生的定义每个人心中都有一个不同的答案。我们时常在思考，何为真正的成功？是权力的巅峰，还是财富的积累？是名声的远扬，还是健康的体魄？这些词汇在人们对成功的探讨中总是如影随形，然而它们为何如此受到人们的追捧，却并非一个显而易见的问题。

为何大多数的人都渴望得到名声、权力、财富和健康呢？为了探寻这背后的答案，可以从这些词汇所蕴含的共性入手。一般而言，这些之所以被世人所追求，是因为它们都指向了一个共同的目标——那就是对生活的控制感。无论是站在权力的顶峰，还是拥有无尽的财富，或是享有崇高的名声和健康的身体，这些都在不同程度上赋予了我们对生活的控制感，并在人生舞台上更自如。

关于这种控制感，我们来看下面的描述：

篮球比赛正在激烈进行，此时上场一个人。

他变向、突破、上篮，行云流水一般，

——可惜球没进。

再一次，他拿到球后辗转腾挪，

迅速晃开防守队员，然后急停跳投，

投篮动作干净利落。

观众都快要鼓掌沸腾了。

——可是球还是没进。

奇怪的是，尽管两次都没有进球，但这两次进攻已经让我们肯定：此人打篮球很厉害，进球只是早晚的事。有的人连续两次失手，仍然赢得“高手”的评价；有的人连进四五球，大家却觉得“这家伙是运气太好”。

出现这种反差的原因在哪里呢？答案其实就隐藏在他所展现出的控制力之中。在篮球场上，他运球、突破、投篮的每一个动作都显得那么稳定而流畅，仿佛一切都在他的掌控之中。无论对手如何严密防守，他的出手节奏、角度和动作都不会出现太大的变形，每一次投篮都如同经过精心计算一般，稳稳地飞向篮筐。这正是评判一个篮球运动员是否厉害的重要标准：在任何条件下都能保持稳定的输出。这种稳定性不仅仅体现在投篮的命中率上，更体现在运动员对自己身体的控制和对比赛的把握上。只有这样，才能在激烈比赛中始终保持高水平的表现。相比之下，有些运动员虽然偶尔也能投出几个漂亮的球，但每次投篮动作都不尽相同。这样的表现很容易让人产生一种感觉：他们的投篮成功更多是因为运气好，而不是因为真正掌握了篮球的技巧和精髓。这样的运动员，在面对强大对手和严峻的比赛形势时，往往很难保持稳定发挥，因为他们缺乏那种对自己身体和比赛节奏的控制力。因此，真正厉害的篮球运动员，不仅是投篮准确，更重要的是能够在任何情况下都保持稳定输出，这是他们真正实力所在。

在人生这条充满未知的长河里，我们时常会遇到各种偶然性和突发性事件。这些事件如同暗流涌动，让我们感到恐慌和无助。然而，我们逐渐发现，**这种恐慌并非直接来源于困境本身，而是源于困境带来的不确定性**。这种不确定性让我们感到自己无法掌控局面，进而陷入无助和不安的漩涡。为了摆脱这种不安定的状态，人们渴望寻求一种必然性或确定性来掌控自己的生活。而这种必然性或确定性往往来自权力、财富、名声和健康等资源。

因此，源思维的直接功能，就是为我们建立一种“生活控制感”。这种控制感，类似于权力、财富、名声和健康所带来的安全感，但更为深刻和隐匿。通过深度思考，我们能够明白“做了什么会发生什么？不做什么就不会发生什么”。比如：

付出与收获往往成正比。当我们愿意付出更多的努力时，无论是在学习、工作还是其他方面，这种持之以恒的勤勉都会转化为更强的能力。

随着能力的增强，我们在社会中的价值也随之提升。那些拥有更强能力的人，往往更容易被他人所需要，因为他们的技能和知识能够解决更复杂的问题，创造更多的价值，也就更容易挣到钱。

有了经济基础，便能更好地应对生活中的各种挑战和风险。金钱虽然不是万能的，但它确实为我们提供了一层保护网，使我们在面对疾病、失业、意外等人生风险时能够更加从容。

无控制感的状态，正如在黑暗中遇到风浪、浑浑噩噩、找不到方向，只能放弃前行、随波逐流。在这种情况下，我们可能会感到无助、焦虑和恐惧，因为无法预测和控制周围环境的变化。**而有控制感的状态，则如同找到了船锚，它让我们不被情绪漩涡所左右，冷静下来慢慢找到出口。**在这种情况下，我们能够更好地管理自己的情绪和想法，从而做出更明智的决策；也会更加积极主动地寻求解决问题的方法，并努力调整自己的心态和行为，以适应环境的变化。

作用三：增进人生厚度

人生的一个对手，是有限的时间。时间如骏马纵横驰骋于每个人的青春，毫不留情地留下无可奈何的叹息。虽然我们无法拓展时间长度，但可以用深度思考拓展时间的厚度。

源思维能帮助我们创造更多暗时间。《暗时间》一书认为，时间是物理的，也是心理的。除了物理时间外，还有一个思维时间，思维时间往往就是暗时间。走路买菜、坐地铁逛街、在机场等候，都是可以好好思考的时候，都可以成为暗时间。善于利用暗时间的人，就比别人多出很多有效时间。

源思维能帮助我们重新定义人生道理。人们经常在经历很多事情之后才开始感叹，“我现在才算懂得某某道理”。**懂得道理，就是对事物本质和规律的理解和领悟**，也就是孔子所说“不惑”。

源思维能帮助我们体验更多人生维度。在熟悉的城市喧嚣中，我们常常被快节奏所淹没，却忽略了那些隐藏的细微的美好。但如果我们能静下心来，用心去观察和思考，就会发现生活中有许多意外之喜。例如，在充满春光的阳台，手捧一杯喜欢的热茶，沉浸在自己喜欢的书中，细细品味那些优美的长句，体会其中深意。在此过程中，你可能会突然发现书中隐藏的更深层的寓意，这种意外发现会让你惊愕不已，甚至陷入沉思。这是生活之琐碎、生活之平凡，但也是人生之悠远、人生之精妙。我们能体会到这些，也是思考和深度思考赐予我们的礼物！

因此，深度思考虽然是一种稀缺能力，需要经过很多训练才能逐步生成，但一旦生成就会受益无穷。当我们通过源思维在复杂事物中探究到源头秘境的时候，一定会心生欢喜；当我们再次将这些认知运用于行动指导的时候，也一定会心生感激。

思考的深度决定认知的高度

人生是折射认知的镜子，我们如何理解人生，人生就是我们理解的样子。先来看看我的经历：

为痛苦而痛苦是双倍痛苦

我上初中的时候，开学第一天携带了1000元现金返校。这是一笔巨款，也是我差不多整个学期的生活费。我小心地将它们藏在枕头下面。但没想到的是，在晚自习后回到宿舍，这笔巨款不翼而飞。

巨款丢失惊动了整栋楼，大家都来安慰我。我当然很痛苦，并为不知如何向父母汇报而焦虑。但在焦虑数日还未知巨款去向的时候，我便开始自我安慰：

“丢了钱是痛苦，如果我再为丢钱痛苦就是双倍痛苦；所以，我不应为丢钱而感到痛苦。”

这个逻辑多么神奇。但最神奇的是，我真的不再为此感到痛苦，且在一周后还按照这个逻辑给父母做了汇报。

于是在被批评一番后，这事儿也就过去了。

我在此后的生活中，每当遇到类似问题都会如此告诫自己并因此释然。我将它称为“**神奇逻辑**”。这个逻辑的核心是：遭遇痛苦，就不要再为其痛苦而让痛苦加倍，而是积极寻求解决方案。这不仅关乎如何应对痛苦，更关乎如何积累人生智慧。

源思维塑造了人生真相。同一件事，思考的角度变了，对我们的影响也就变了。人生的真相是一个复杂的命题，包含了太多的情感、体验和认知。当我们在深夜里独自思考时，往往会发现，那些看似无法逾越的障碍，其实并非来自外界的压力，而是源自我们内心的限制。我们的思考层次，如同一座无形的阶梯，决定了我们认知的高度。**思考的深度决定认知的高度，认知的高度决定行动的力度。**

源思维让我们找到更多人生之解。我们通常喜欢在熟悉的单一路径上找到问题解决方案，但最佳的方法是从多个路径上来寻求最优解。源思维的作用不仅仅是帮助我们找到最重要的因果关系，更是为了帮助我们更好地理解世界；同时，我们也因为这种理解而能找到更恰当的答案。

重要的是，基于源思维，我们得到的不只是一把砸碎旧世界的锤子，而是一个创造新世界的工具箱。在这个工具箱里，装满了各种可能性和机遇，等待我们去发掘和利用。在构建理想世界的过程中，我们手握一个无形工具箱，里面装满了各种工具：

溯源本质并排除干扰：它帮助我们剖析事物的根本，直达问题核心。在信息爆炸的时代，这把利刃尤为重要。

保持开放并交换有价值的信息：它象征着沟通与协作，让我们拥抱多元的观点与思想，不仅能拓宽我们的视野，也将激发更多的创造力。

跳出预设探索多种可能性：它鼓励我们打破思维桎梏，挑战既定的预设与框架。

关于这个工具箱的具体使用，来看一个常见的媒体报道：

在过去的两个世纪里，世界人口从10亿迅猛增长至76亿，这一惊人的增速在很大程度上归功于医学领域的进步。然而，这种增长趋势也引发了广泛关注和担忧：地球能否承受如此庞大且不断增长的人口压力？

在这种担忧的驱使下，一种直观的思维模式应运而生：人口会持续增加，地球将无法承载，因此必须采取措施控制人口增长。然而，这种思维模式忽略了一个重要事实——世界的发展并非总是遵循单一的直线轨迹。实际上，存在着多种多样的发展曲线，如S曲线、滑梯曲线、倍增曲线和钟形曲线等，它们揭示了不同领域和现象的发展规律和趋势。人口增长也不例外。尽管过去两个世纪人口增长迅速，但这种增长并不会无限持续下去。随着经济发展和人均收入提高，女性生育婴儿的平均数量已经出现显著下降。例如，从1965年的平均每名女性生育5个孩子下降到2017年的2.5个孩子。这一趋势表明，人口增长速度正在逐渐放缓，而不是保持不变的线性增长。

那么，为什么人口增长会趋于放缓呢？这主要归因于两个方面的变化。首先，随着人均收入的增加和生活水平的提高，人们不再需要依靠生育大量孩子来提供劳动力或对冲儿童夭折的风险。其次，随着教育水平的提高，父母更加重视孩子的教育质量和未来发展，因此倾向于生育更少的孩子以便为他们提供更好的教育和成长环境。

可见，控制人口增长的最佳方式并不是直接限制生育权利或采取强制措施，而是要通过改善人们的生活条件、提高教育水平和促进经济发展来间接影响生育决策。这种方法不仅更加人道和可持续，而且已经在实践中取得了显著成效。事实上，如今我们面临的挑战已经不再是如何控制人口增长，而是如何应对人口老龄化和促进生育的问题。

只有深入剖析问题的本质和背后的复杂因素，才能找到真正有效且出乎意料的解决方案。如果我们仅仅停留在表面现象和直观思维上，就很容易在类似的问题上重复犯错。

第三章

掌握：三步灵活运用源思维

第一步：还原事实，定义关键概念

1. 还原事实的基础：精准定义

按照源思维模型，深度思考的第一步，是还原事实。

关于还原事实，在前文已经对此进行了初步阐述。可以看到，精准定义是还原事实的核心。亚里士多德在《形而上学》中说“定义是知识的开始”。定义，也是源思维的开始。我们先用一个简单例子来说明什么是定义。

比如，我抬头就看到放在书桌上的杯子。

杯子是什么呢？

如果学过物理学，我们会说：

> 杯子是一种容器。

在这里，容器是一个概念，它比杯子更抽象，也更具有概括性。我们知道，除了杯子，瓶子和罐子也是容器。

概念是对事物本质的抽象和概括，是定义的结果。概念的提出可追溯到那些经典的哲学家们，如柏拉图、亚里士多德等。他们通过对事物本质的探讨，提出了许多重要概念，如“理念”“形式”。概念是理解世界、解决问题以及推动思想发展的重要工具，因而构成了很多学科大厦的基础。基础教育和大学教育的一个重要功能，是为我们提供概念。比如：

> 经济学的“经济人”：经济人，是指每个参与者在市场中都是追求自身利益最大化的理性行为者，这一假设是许多经济理论（比如博弈论）的基础。经济人概念起源于18世纪的英国经济学家亚当·斯密（Adam Smith），他在《国富论》中提出了“看不见的手”理论，认为在自由市场中，每个追求自身利益的个体通过市场机制的作用，可以实现社会福利最大化。
>
> 政治学的“权利”：权利，指的是个人或团体在特定社会中所拥有的、被社会制度认可的、可以影响他人行为的能力。权利的概念可以追溯到古希腊和罗马时期，当时哲学家们开始探讨自然法和自然权利的概念。在现代政治学中，权利的概念得到了进一步的发展，主要包括公民权利、政治权利、经济权利、社会权利等。
>
> 社会学的“社会排斥”：社会排斥指的是个人或群体在社交、经济、政治等方面被排除在社会主流之外的现象。这种现

象可能导致被排斥者面临贫困、失业、健康问题等困境。社会排斥的学术脉络可以追溯到19世纪末社会学家的研究，如法国的埃米尔·涂尔干（Emile Durkheim）和德国的马克斯·韦伯（Max Weber）。涂尔干在其著作《自杀论》中讨论了社会排斥与个人行为的关系，而韦伯则强调了社会排斥对个体社会地位的影响。在20世纪，美国的帕克（Robert Ezra Park）和伯吉斯（Ernest Watson Burgess）进一步提出了“社会排斥理论”，强调城市空间中社会排斥的现象。

心理学的“亲密关系”：亲密关系用于描述两个人之间的紧密、持久、情感投入的关系。这种关系可以包括恋人、配偶、家庭成员或亲密朋友。亲密关系研究起源于20世纪60年代的美国，当时社会学家和婚姻家庭治疗师开始关注家庭关系和婚姻质量的问题。

定义关键概念，是还原事实的基础。

定义，我们还可进一步将杯子和瓶子、罐子区分开来，并让杯子的定义变得更精准。显然，与罐子相比，杯子通常用来装液体；与瓶子相比，杯子通常口径比较宽。在做了这样的区分之后，可将杯子再次定义为：

杯子通常是一种用来装液体的宽口径的容器。

如此，是否更具涵盖性，表达更精确？

如果没有一定知识储备，我们就不会有概念，也就不会定义关键概念，也很难实现思考层次的提升。**从杯子到容器，就是思考层次的提升。**

精准定义是如此重要。在日常生活或者工作中，我们可以通过设置不同角色训练自己的定义能力：

- 对老板来说，什么是战略？
- 对管理者来说，什么是管理？
- 对销售人员来说，什么是客户？
- 对老师来说，什么是教育？
- 对父母来说，什么是责任？
- 对学生来说，什么是学习？
- 对政府来说，什么是权力？
- 对人民来说，什么是权利？

定义还可以对各种概念及概念间的关系进行清晰表述。

喜欢深度思考的人常会痴迷于一些重要概念的定义。比如：什么是幸福？“幸福”是一个复杂的概念，其定义和衡量标准因人而异。许多代表性人物对“幸福”提出了不同的定义和理解，比如：

> 亚里士多德（Aristotle）：幸福是“一切行为的目的”，是人类生活的最终目标。他提出了“幸福”的两个组成部分：道德美德和理智美德。

边沁（Jeremy Bentham）：功利主义代表，他认为幸福是快乐和痛苦的平衡。他提出了“最大幸福原则”，认为社会应该追求最大多数人的最大幸福。

约翰·密尔（John Mill）：功利主义的另一位代表，他认为幸福是个人的快乐和满足感。他提出了“幸福计算”的概念，试图量化幸福。

卡尔·马克思（Karl Marx）：他认为幸福是物质财富和精神财富的统一。他提出了“幸福”是建立在社会公平和正义基础上的概念。

弗洛伊德（Sigmund Freud）：他从心理学的角度看待幸福，认为幸福是个体追求本能欲望的满足。他提出了“幸福”是建立在自我实现和自我超越基础上的概念。

这些对于“幸福”的定义，如同多彩的光谱，折射出不同学者和代表性人物独特而深刻的理解。尽管每个人对幸福的诠释各有千秋，但这一概念的核心却始终笼罩在一片争议之中。然而，在这片众说纷纭的迷雾中，我们依然可以探寻到两条清晰的主线：客观事实与主观认知。客观事实，作为幸福的基础，为我们提供了衡量幸福的外部标准。它可能包括物质财富、健康状况、社会地位等可量化、可观察的要素。这些要素在一定程度上决定了我们生活的质量。然而，仅仅用客观事实来定义幸福是远远不够的。

主观认知，则是幸福的另一维度，它涉及我们对自身生活的评价和感受。每个人对幸福的感知都是独一无二的，它受到我们的价值观、生活经历、情感状态等多种因素的影响。有时候，即使在物质条件并不优越的情况下，我们依然可以感受到深深的幸福；反之，即使拥有再多的物质财富，如果内心缺乏满足感和快乐，那么幸福也会遥不可及。因此，最无争议的幸福应该是客观事实与主观认知的和谐统一。

定义的诞生，往往是我们从教育、经历、体验中汲取精华，深思熟虑后的结晶。它不仅是我们对事物理解的产物，更是我们行动的先导。简而言之，我们如何定义事物，就会如何行动于其中。

定义的精准性至关重要。没有精准的定义，我们就无法准确地还原事实，甚至可能陷入对假问题的无效分析。

让定义优先于讨论成为我们最重要的思考习惯！

2. 还原事实的核心：学会归类

精准定义其实是找到概念所指对象的类型属性。因此学会归类，对于还原事实非常重要。

归类以事物的共性为基础。比如，看到我们认为成功的人，就需要深入挖掘他们的共性。而后，我们可能得出：

> 自我驱动能力：能够设定目标并坚持不懈地追求。这种能力使他们能够在没有外部压力的情况下，持续努力并取得成就。
>
> 适应能力：能够适应环境的变化，并从中寻找到新的机会。这种能力使他们能够在面对困难和挑战时，保持冷静和理智，并找到解决问题的方法。

沟通能力：他们能够清晰地表达自己的想法，也能够理解他人的观点。这种能力使他们能够在团队中发挥领导作用，也在与他人合作时建立良好关系。

创新能力：能够独立思考，提出新的观点和方法。这种能力使他们能够在竞争中脱颖而出，也能够在解决问题时，找到新的解决方案。

抗压能力：能够在面对压力时，保持冷静和理智，并找到解决问题的方法。这种能力使他们能够在面对困难和挑战时，保持积极的心态，并坚持下去。

自我驱动能力、适应能力、沟通能力、创新能力以及抗压能力，这就是归类。这些能力并非孤立存在，而是相互交织、相互支持，共同构成了个人成长与发展的基石。通过归类，我们能够更好地理解和把握这些能力的本质与内在联系，从而不断利用此前的认知来推动现在的认知向前发展。归类不仅有助于我们形成清晰、系统的思维框架，还能够为我们提供新的视角和思考方向。

在归类的基础上，如果我们继续进行深入思考和抽象提炼，就有可能创造出属于自己的新概念。这种创造过程是对现有认知的超越和升华，它能够帮助我们发现新的规律、揭示事物的本质。例如，美国心理学家安吉拉·达克沃斯基（Angela Duckworth）提出的“坚毅”概念、卡罗尔·德韦克（Carol S.Dweck）提出的“成长型思维”概念，都是他们在深入研究和思考的基础上，对成功关键因素的诠释。本书所提出的“源思维”，同样是一个归类概念。它旨在帮助我们从根源上理解和把握问题的本质，从而找到解决问题的根本方法。

反之，如果缺乏归类能力，那么每当我们遇到一个新现象时，都需要从头开始了解。这不仅会浪费大量的时间和精力，还会使我们难以从整体上把握事物的内在联系和发展规律。更重要的是，没有归类能力，就很难通过借鉴别人的经验来改进自己。因为无法将别人的经验与自己的情况进行有效对接和融合，所以也就无法从中获得有益的启示和帮助。

那么，归类这种能力的核心又是什么呢？

归类，在某种意义上与概括类似。它们都是思维的锐利武器。概括被誉为思维的第一属性，它在我们的认知过程中发挥着至关重要的作用。简而言之，概括就是在认识问题时，能够有意识地舍弃那些非本质的现象，抓住事物的核心和本质，进行综合性的分析。这种思维方式，就像是一把筛子，过滤掉冗余的信息，只留下最精华、最关键的部分。达尔文的成就就是一个生动的例证。当被问及他的伟大成就源自何处时，他毫不犹豫地回答："来自对整个生物界的概括。"正是因为具备了这种高屋建瓴的概括能力，达尔文才能够从复杂多样的生物现象中抽丝剥茧，揭示出生物进化的奥秘。在日常生活中，概括也无处不在。比如，当有同学在数学学习中遇到困难时，数学老师往往会建议他们注意"合并同类项"。这一建议，实际上就是在进行概括。通过合并同类项，我们能够简化问题，突出重点，从而更好地解决问题。这就是概括的魅力所在，它让我们的思维更加清晰、更加高效。来看小天的案例：

叛逆意味着反对?

小天进入初中后出现一些变化，其中之一就是与父母意见相左的倾向增强。当父母提出某种建议或要求时，小天可能会选择相反的方向。这种现象常被解读为孩子进入了叛逆期。

叛逆期的表现多样，但归纳起来主要有两种典型行为：一是拒绝执行父母的要求；二是不仅不执行，还故意采取与父母意愿相悖的行动。

那么，如何深入理解这一现象呢?

首先，我们注意到叛逆期出现的时间点并非固定不变。过去，叛逆期多发生在初中三年级之后，大约是十四五岁的年纪。然而，随着时代的发展，这一时间点有所提前，现在的小学高年级学生，也就是十二三岁的孩子，就可能开始表现出叛逆的迹象。

应该说，这种变化与孩子自我意识的发展密切相关。自我意识的形成受到信息和认知的影响。过去的孩子由于信息渠道有限，自我意识的确立相对较晚；而现在的孩子在多元化的信息环境下成长，他们的自我意识更早地得到确立。当然，我们也要认识到，即使处于同一发展阶段的孩子，叛逆期的表现也会有所不同。有些叛逆行为甚至持续到成年。

当孩子开始形成自我意识，自然会产生自己的观点和看法。如果父母仍然将小天视为无知的小孩，亲子之间的观点冲突就在所难免。长期下来，如果他的真实想法一直被压抑，可能会选择拒绝与父母沟通，这就是通常所说的叛逆期。

然而，从另一个角度来看，叛逆期这一概念本身可能存在问题。它更多是从父母的角度出发来定义的，实际上反映了父母对孩子行为的不满。事实上，孩子与父母观点不一致难道不是很正常吗啊？观点不一致就是反对吗？显然不是。

小天看似处于叛逆期，其实他真正需要的是平等、尊重和理解。我们所认为的叛逆期，可能只是孩子成长的转折期；或者说，只是他开始表现出与父母不同。

3. 还原事实的重要性：精度决定效度

人生总是需要针对各种问题而找到解决方案。还原事实的重要性在于，**定义问题的精度决定解决问题的效度**。不定义问题，解决问题就会无的放矢。比如，挣钱，这是多数人都要面对的人生挑战。我们来看看如何定义：

挣钱的逻辑是什么

挣钱，对于很多人来说，都是渴望的成功标志。在我们周围，确实不乏这样的成功者，他们通过不懈的努力和独特的思维，累积了令人瞩目的财富。那么，挣钱的逻辑究竟是什么呢？

以全球首富马斯克为例。马斯克曾被斯坦福大学录取，但他选择了辍学创业，这一决策为他后续的创业道路奠定了基础。他先后创建了投资支付公司 PayPal、太空发射公司 SpaceX 以及特斯拉等知名巨头企业，在此过程中不断累积财富，最终登上了全球首富的宝座。

马斯克的成功并非偶然，而是源于他对梦想的执着追求和对社会问题的深刻洞察。在卖掉 PayPal 之前，他成立了 SpaceX，致力于研制出用于星际移民的火箭，这一宏伟目标体现了他对未来科技的深远预见。同时，他还投资特斯拉，专注于汽车能源的革新，推动全球清洁能源汽车的发展。这些举措不仅解决了当前迫切的社会问题，也为他带来了巨大的商业成功。

从马斯克的经历中，可以看到挣钱的本质：解决特定问题后获得的回报。在商业领域，钱的背后是产品和服务。只有将产品和服务做到极致，才能赢得用户认可，实现财富累积。

在现实中，很多人虽然渴望挣钱，却缺乏解决问题的决心和能力。他们追逐金钱，却忽略了金钱背后的真正价值。相反，那些成功挣到大钱的人，往往是紧追问题不放、不断探索解决方案的人。他们关注客户的需求和痛点，致力于提供更好的产品和服务。正是这种对问题的敏锐洞察和不懈追求，使他们在激烈的市场竞争中脱颖而出。

此外，挣钱的思维模式也至关重要。仅仅思考“怎么做才能赚到钱”是不够的，这种思维往往让人陷入短视和盲目。而思考“做好什么能赚到钱”则能让人更加专注于提升自己的能力和价值；更进一步地，思考“这件事有没有价值”以及“这样做能否实现价值最大化”则能够帮助人们在商业决策中做出更加明智和长远的选择。

更重要的是，很多时候，重新定义问题也就是在解决问题。

特斯拉：重新定义了汽车行业，将其从传统的燃油车转向了环保的电动汽车。这不仅改变了汽车的动力来源，还引发了对整个汽车产业链的变革。

苹果：重新定义了智能手机行业，将其从传统的功能手机转向了智能手机。这不仅改变了手机的功能，还引发了对整个手机产业链的变革。

奈飞：重新定义了娱乐行业，将其从传统的有线电视转向了流媒体。这不仅改变了消费者的观看方式，还引发了对整个娱乐产业链的变革。

通过重新定义问题，组织可以找到新的机会，创造新的模式。

现在，让我们来进行一项训练。假设你是一家教育软件公司的员工，最近收到了用户反馈，他们表示软件加载速度太慢，等待过程中失去了耐心。您的任务就是要解决这个问题，提升用户体验。面对这样的问题，可能会首先想到从提升软件性能入手，加快软件的加载速度。然而，问题的根源虽然可能在于软件性能不足，但解决问题的思路却不应仅限于此。我们可以从另一个角度来思考这个问题：用户在等待过程中的不耐烦，可能并不仅仅是因为软件加载慢，而是因为他们的注意力没有得到有效的分散。换句话说，如果我们能够在等待过程中设计出有趣、吸引人的内容，那么用户的注意力就可能会被从漫长的等待中转移出来，从而提升他们的整体体验。

这就引出了解决问题的另一条路径：注意力迁移。我们可以将用户的注意力从加载过程中的A任务（即等待）迁移到B任务（如浏览相关资讯、观看短视频等）。通过精心设计的内容和交互方式，可以让用户在等待过程中也能保持愉悦和投入，从而有效地解决他们因等待而失去耐心的问题。可见，解决软件加载慢的问题并不一定要从提升软件性能入手。注意力迁移的本质，也是重新定义问题。我们来看一个案例：

将等待重新定义为需求

有一家颇具人气的餐厅，每当饭点时分，门口总是排起长龙，生意兴隆得令人咋舌。然而，尽管等待的队伍冗长，却鲜少有人选择放弃。这其中的奥妙，恰恰在于餐厅运用了注意力迁移。

餐厅深谙顾客心理，他们明白单纯的等待会让顾客感到焦虑和无聊，进而可能失去耐心，选择离去。为了留住这些潜在的食客，他们精心设计了一套"花活儿"，让顾客在等候的过程中，几乎察觉不到时间的流逝。这些"花活儿"形式多样，可能是为孩子们免费织头发辫子，家长们也愿意为此等待；可能是门口摆放的免费小吃，供顾客边等边品尝；也可能是小丑编制的气球花，手艺精妙，吸引顾客的眼球。

这些细致入微的设计，不仅成功地转移了顾客的注意力，还让他们在等待的过程中获得了额外的满足感和愉悦感；或者说，餐厅重新定义了等待，将等待变成了新的需求。正因如此，即使等待的时间不短，顾客也并不觉得难熬。他们的注意力被这些精心设计的“花活儿”所吸引，以至于当服务员喊到他们的号码时，他们甚至会感到一丝惊讶：原来已经轮到自己了吗？这种体验，让顾客对这家餐厅留下了深刻的印象。

在生活中，总会遇到各种挑战或困境，如果将问题只是看成问题，我们解决问题的思路会非常有限。然而，当我们尝试跳出固有框架，将问题重新定义为需求，问题本身可能就会被赋予新的意义，未曾察觉的解决方案或新的发展机会。

第二步：辨析因果，寻找关键变量

1. 辨析因果的基础：寻找关键变量

源思维的第二步是辨析因果。

因果分析作为统计学的核心概念，旨在揭示变量间的内在联系与影响机制。在权威教材《统计学习要素》（*The Elements of Statistical Learning*）中，斯坦福大学统计学教授特雷弗·哈斯蒂 (Trevor Hastie) 等作者明确指出，因果分析的核心是“研究一个或多个自变量如何对因变量产生作用”。这种分析不仅关注变量间的相关性，更致力于深入探究是否存在明确的因果关系，即一个变量的变化是否直接导致了另一个变量的变化。

因果分析的历史可以追溯到 20 世纪初，那个时代的统计学家开始系统思考如何通过实验设计和数据分析来验证变量间的因果关系。随着科学的进步和方法的完善，因果分析逐渐从单纯的统计关联中脱颖而出，成为一种严谨、科学的分析范式。在现代科学研究中，不仅是理论构建和假设检验的基础，更是指导实践、制定政策的关键依据。

因果关系，简单而言就是：

在什么条件下（X）什么事（Y）会发生。

因果关系要成立，一般要具备三项条件：

第一，关联性。如果 X 和 Y 之间存在因果关系，那么它们之间应该存在某种形式的关联。比如感冒会发烧，这就存在关联性。无关联性的事物之间，因果关系无法成立。

第二，时间顺序。因果关系通常具有时间顺序。原因总是在结果之前发生。如果变量 X 导致变量 Y，那么 X 的变化通常会先于 Y 的变化。但是，并非所有看起来有先后关系的事都有因果关系。比如，夏天人们会购买更多的冰激凌，同时游泳的人也更多，导致溺水人数增加。这并不意味着冰激凌销量导致了溺水人数增加，它们只是看起来有时间顺序。

第三，无其他干扰。在确定因果关系时，需要排除其他可能解释。这意味着需要控制其他可能影响结果的变量，以便确定因果关系。如果我们发现吸烟与肺癌之间存在关联，那么就需要排除其他可能的解释，如家族病史、职业暴露等因素，以便确定吸烟是否是导致肺癌的原因。

值得注意的是，即使满足了前述的诸多条件，也并不意味着可以轻率地断定因果关系的确立。实际上，**变量之间所展现出的关联，有时可能仅仅是表象，背后隐藏着其他尚未被观测到的变量在默默发挥作用**。这些潜藏在暗处的变量，可能正是导致我们误判因果关系的罪魁祸首。再者，数据收集的过程中也并非万无一失。偏差和失误，就像潜藏在数据海洋中的暗礁，时刻准备着给那些粗心大意的研究者一个措手不及。这些偏差可能会导致我们观察到的关联与实际的因果关系相去甚远，甚至南辕北辙。因此，在科学研究中，确定因果关系绝非一件轻而易举的事情。它需要研究者怀揣着敬畏之心，以谨慎的态度对待每一个数据、每一次观察。

任何事物的发生都不是偶然的，它们都受到一系列条件的制约和影响。**深度思考在很大程度上就是在错综复杂的条件中探寻真实的关键变量——那个决定“何以能如此”的最重要条件**。对于受过源思维训练的人来说，无论面对任何问题、得出何种结论（Y），他们都会坚持不懈地去追寻、分析那些导致结论产生的条件（X）。这种对条件的敏锐洞察和深入分析，已经成为他们思考问题时的一种本能和习惯。

然而遗憾的是，大多数人并未养成这样的思考习惯。他们往往盲目地复制和照搬别人的结论（Y），却从未曾停下脚步去设定、思考和反思这些结论背后所依赖的各种条件（X）。

在生活中运用因果分析，同样需要我们去探寻那个隐藏在众多现象背后的关键变量。但与科学研究相比，生活在很多时候要复杂得多，因为生活中的变量往往被各种纷乱所遮蔽，难以被直接观察和感知。因此，在生活中找出关键变量，往往比在科学研究中更加困难。但正是因为这种困难，才使得深度思考和生活洞察变得更加珍贵和有价值。当我们学会在乱象中寻找到那个决定性的关键变量时，才算是踏入了深度思考的大门。

2. 辨析因果的核心：建构“三段论”

如果因果关系是不同事物之间的关联，该如何建立这种关联？

《论语·子路篇》中流传着一段经典之语：“名不正，则言不顺；言不顺，则事不成；事不成，则礼乐不兴；礼乐不兴，则刑罚不中；刑罚不中，则民无所措手足。”这一连串的论述，宛如一颗颗晶莹剔透的珍珠，每一颗珍珠都代表着事物间微妙而必然的关联。它们环环相扣，共同演绎出世间万物相互依存、相互影响的道理，揭示了事物之间那看似隐匿、实则紧密的因果链条：

- 一旦名分不正，语言就会失去其应有的顺畅与力量。
- 而言语不顺畅，则事情难以成就。
- 事情难以成就，社会的礼乐制度便无法兴盛。
- 礼乐制度不兴盛，则刑罚就会失去准绳。
- 刑罚失去准绳，民众就会感到手足无措，无所适从。

在这些论述中，可以清晰地看到归纳法和演绎法的影子。这两种基本的思维方法，帮助我们确定事物之间的关联，构建起坚实而严密的逻辑体系。

方法一：归纳法

归纳法如同一位富有洞察力的侦探，是**从特殊推导一般的推论证明方式**。它并非从理论出发，而是扎根于现实世界的观察、实验与经验之中。就像侦探通过搜集现场的指纹、物证等信息来还原案件真相一样，归纳法也是从大量的个体事件中提炼出共性的线索，进而勾勒出普遍的规律或原则。

假设你是一位对天鹅充满好奇的观察者，你细心地观察了 100 只天鹅，发现它们无一例外都是白色的。基于这些观察结果，你可能会大胆地提出一个假设："所有的天鹅都是白色的"。这个假设就是通过归纳法得出的一个结论。然而，归纳法虽然能够帮助我们从纷繁复杂的现象中提炼出有价值的假设，却不能保证这些假设的绝对正确性。因为在这个充满多样性的世界中，总是有可能出现不符合既定假设的个体。也许就在你观察完 100 只天鹅后，第 101 只黑天鹅突然出现了，打破了你的完美推论。

当然，归纳法也提供了一种实用的工具，让我们能够在不完全确定的情况下，对未知世界进行有理有据的推测。通过归纳法得出的结论，虽然无法做到百分之百的肯定，但可以提供一个有力的参考框架，帮助我们更好地理解和应对这个充满未知的世界。

要注意的是，正如任何强大的工具都需要谨慎使用一样，**归纳法在使用不当时也可能成为误导我们判断的陷阱**。比如，人们往往倾向于将不同的人、事物和国家归类于同一集合之中，这种做法在简化认知的同时，也隐含着一种危险的假设：即归为同一类的人、事物和国家必然具有某种相似性。然而，这种假设往往忽视了类别内部巨大的差异性和多样性。实际上，即便是被划归为同一类别的人、事物和国家，它们之间也可能存在着天壤之别。

当下的一些社交媒体在这方面的影响尤为显著。它们倾向于将世界划分为“我们”与“他们”两大阵营，并通过选取极端案例来强化这种划分。这些被贴上标签的极端案例往往成为我们理解某个群体的捷径，但也正是这种捷径让我们陷入了以偏概全的误区。我们误以为这些极端案例就能代表整个群体，从而忽视了群体内部的差异性和多样性。类似的问题也存在于对“东方国家”和“西方国家”的划分中。这种划分方法似乎为我们提供了一种简洁的理解框架，实际上却掩盖了每个国家独特的文化、历史和社会背景。将“东方”和“西方”这两大类当作无差别的整体，却忽略了它们内部可能存在的截然不同的特征和差异。这种过于笼统的划分方法无疑是以偏概全的又一典型例证。

在社交媒体的浩瀚海洋中，我们常常能捕捉到一些貌似有理其实偏颇的言论。诸如“男人都不负责任”“女人都爱慕虚荣”“年轻人都好高骛远”“富人都为富不仁”此类一概而论的断言，在情绪化的讨论中屡见不鲜。这些言论往往以偏概全，将某一群体中的个别特征错误地推广至整个群体，忽略了群体内部的多样性和差异性。它们就像一把快刀，试图一刀切地解决复杂的社会现象，结果往往适得其反，加剧了误解和偏见。但遗憾的是，这类言论往往颇有流量。

因此，当我们面对这种肯定的归纳结论时，必须保持警惕和理性。首先，要审视结论的适用范围，探究它在何种情境、何种条件下才成立。同时，还应致力于寻找更为精细化的分类方法，以揭示群体内部的异质性。**在这个过程中，谦卑心和好奇心是我们的重要武器。**谦卑心让我们意识到自己的认知有限，不轻易将个别案例泛化为普遍规律；好奇心则驱使我们深入探索，发现同一类别中的不同之处以及不同类别之间的相似性。此外，还要特别警惕极端案例的诱惑。极端案例往往因其引人注目的特点而被当作普遍现象的缩影，但实际上它们并不具有代表性。我们不能因为一棵树而忽略整片森林，也不能因为个别极端案例而否定整个群体。

方法二：演绎法

演绎法像身着笔挺西装、思维缜密的逻辑推理大师，**是从一般推导特殊的证明方式。**它通过应用普遍的规律或原则，对特定的个体事件进行推理。

让我们再次以天鹅为例。假设我们已经掌握了一个普遍规律："所有天鹅都是白色的"。当我们的目光锁定在一只天鹅身上时，演绎法便悄然启动，而我们也可以毫不犹豫地得出结论："这只天鹅是白色的"。

演绎法的力量在于其严谨性和必然性。只要我们所依赖的前提是正确的，那么通过演绎法得出的结论就如同经过数学公式精确计算出的结果一样，具有不容置疑的正确性。这种正确性并非概率性的，也不是可能性的，而是绝对性的。因此，在演绎法的世界里，没有"可能""或许"这样的模糊词汇，只有肯定或否定的明确判断。然而，正因为演绎法对前提的依赖如此之重，我们也必须时刻保持警惕，确保前提经过充分验证和确认。因为一旦前提出现错误，那么整个演绎过程将如同建立在沙滩上的城堡，随时可能崩塌。因此，在使用演绎法时，不仅需要逻辑推理能力，更需要对前提进行严格审查和验证。

值得一提的是，与归纳法相比，演绎法虽然具有更高的确定性和可靠性，但它并不产生新知识。演绎法只是在已有知识的基础上进行逻辑推理和应用，而归纳法则可以通过观察和实验发现新的规律和原则。因此，在追求知识的道路上，我们需要灵活运用归纳法和演绎法这两种强大的思维工具。

演绎法通常可以表述为“三段论”：

大前提：优秀学生都具备良好的学习习惯。

小前提：小天是优秀的学生。

结论：小天具备良好的学习习惯。

“三段论”，就是从大前提、小前提到结论的证明过程。

大前提是一个普遍认可的事实或原则，它为我们提供了一个宏观的视角，界定了推理的总体框架。例如，“优秀学生都具备良好的学习习惯”，这是典型的大前提，它揭示了一个普遍适用的规律（或现象）。

而小前提，则是这个普遍规律下的一个具体案例或情况。它如同一个微观的窗口，让我们能够聚焦到具体的个案上。比如，“小天是优秀的学生”，就是一个小前提，它将我们的注意力引向了特定的个体。

结论，则是基于大前提和小前提的逻辑推演而得出的结果。它如同桥梁的延伸，将我们的思维从普遍规律引导到具体个案的归宿。在上述例子中，结论便是："小天具备良好的学习习惯"。这个结论既是大前提和小前提的必然结果，也是对普遍现象在具体个案中的验证。

三段论的基本逻辑是：**如果大前提确立了一个普遍的事实或原则，且小前提是大前提的一个具体案例或现象，那么就可以推导出结论，即小前提也将遵循大前提所揭示的规律或原则。**这种推理模式不仅保证了思维的严密性和逻辑性，更让我们能够在纷繁复杂的现象中把握本质，从特殊中见普遍，从个别中窥全貌。

"三段论"这一逻辑推理的利器，其应用范围之广，令人惊叹。无论是庄严的法律制订，还是琐碎的日常争论，其身影都随处可见。然而，在生活中我们往往并不会采用如此标准的三段论形态来表达自己。在日常交流中，我们的话语往往缺少了三段论的某个部分，使得其逻辑链条并不完整。有时，隐去了大前提，让听者自行脑补；有时，忽略了小前提，使得结论显得突兀；有时，甚至直接省去了结论，让听者自己去揣摩。这样的表达方式，虽然简洁明快，却往往经不起推敲，容易引发误解和争议。

比如，我们经常会听到这样的网络评论：

你别看某某明星在捐钱，他只是为了逃税罢了。

这话乍一听是这么回事儿，可仔细一想其实不然。

要发现这段话的漏洞，需要建构出演绎法的论证三段论。

首先，说话的人隐含了一个前提，即：做慈善的人都有自私的目的，这个是他的大前提。我们用“三段论”拆解一下这句话，如下：

大前提：做慈善的人都有自私目的。

小前提：某某明星捐钱，他在做慈善。

结论：所以某某明星一定有自私的目的。

可见，他得出了某某明星捐钱是为了逃税的结论，但在表达的时候把这个大前提隐藏了。但错误恰恰就发生在大前提上：

做慈善的人都是有自私的目的，真的如此吗？

商业顾问刘润曾说：

顺境，是所有人的狂欢；逆境，是优秀者的天堂。

这句话曾被广为流传。我们还是借助三段论，来剖析其内在的逻辑结构。

大前提：与顺境相比，逆境更能促使人变得优秀。

这个前提暗示了一种普遍的信念：逆境是锤炼意志、提升能力的熔炉；而顺境则可能让人沉浸于舒适区，难以突破自我。

小前提：我是人。

这个前提是显而易见的，它表明了我们作为人类的一员，同样会受到环境因素的影响。

结论：因此，逆境会让我变得更优秀。

这个结论似乎顺理成章，但它是否真的站得住脚呢？这就需要进一步审视大前提的正确性。

事实上，大前提的正确性并非不证自明。逆境真的比顺境更能让人变得优秀吗？这个问题并没有绝对的答案。因为每个人的成长经历、性格特点、应对方式都不同，逆境对于不同的人来说，可能产生截然不同的影响。有些人能够在逆境中凤凰涅槃，而有些人则可能一蹶不振。因此，这个大前提其实是存在一定的局限性和争议性的。当这个大前提被隐藏或模糊处理时，我们可能会被结论的表面逻辑所迷惑，觉得这句话很有道理。但一旦将大前提明确化、还原出来，就会发现这个结论其实是建立在一个并不稳固的基础之上。

通过熟练运用三段论去分析各种言论和观点，可以逐渐提升自己的思维严密性和批判性思维能力。这不仅有助于我们在复杂多变的世界中保持清醒的头脑，更能让我们走得更远、更稳健。

3. 辨析因果的功能：找到当下最优解

阿利斯泰尔·克罗尔（Alistair Croll）和本杰明·尤科维奇（Benjamin Yoskovitz）在其著作《精益数据分析》中提出了一个引人深思的观点："发现相关性可以帮助你预测未来，而发现因果关系则意味着你可以改变未来。"我深以为然。

当我们谈论相关性时，实际上是在谈论两个或多个变量之间的关系。这种关系可能是线性的，也可能是非线性的，但它们都为我们提供了一种预测未来的可能性。比如，通过分析历史销售数据，可以发现气温与冰激凌销量之间的相关性，从而预测下一个炎热夏日里冰激凌的销量走势。然而，相关性并非因果关系的替代品。相关性只是揭示了变量之间的共同变化，而因果关系则揭示了这种变化背后的原因和结果。

因果分析的力量在于它不仅能够揭示事物的内在机制，还能够为我们提供改变这些机制的方法。以健康领域为例，科学家通过因果分析发现吸烟与肺癌之间的因果关系后，不仅能够帮助人们认识到吸烟的危害，还能够推动政府制定禁烟政策，从而降低肺癌的发病率。通过揭示因果关系，我们能够更好地理解事物的本质，从而做出更加明智的决策。同时，通过干预因果关系中的关键环节，也可能改变事物的发展方向。

因果分析有两层意思：

> 第一层：这是因为……（This is because）
>
> 第二层：这意味着什么……（So this means）

第一层思考，是探寻事物的起因，即"这是因为"的追问。在这一层面上，我们的目标是找到那些影响结果产生的关键变量。这些变量如同隐藏在迷雾中的线索，等待被发现、揭示。然而，很多时候，我们往往更容易提出各种观点或结论，却难以找到足够具有说服力的证据来支持这些观点。因此，我们需要深入挖掘，不断追问“这是因为”，直到找到那些真正影响结果的关键变量。

第二层思考，则是解读事物的意义，即“这意味着什么”的思索。在这一层面上，我们的目标是理解关键变量对未来可能产生的影响，从而找到未来行动的关键切口。这个切口让我们能够明确方向、辅助行动、坚定信念。然而，如果找不到这个关键切口，认知与行动就无法形成闭环，就像断线的风筝，失去了控制和目标。

“这是因为”和“这意味着什么”虽然关注的角度不同，但二者却密不可分。前者更倾向于回溯历史，通过探索发生过的事件或产生的因素来揭示事物的起因；后者则更倾向于回归现在，通过分析观点或事件的影响和意义来解读事物的意义。只有将这两者结合起来，才能为当下面临的问题找到真正的最优解。这就像是在复杂的棋局中，既要审视过去的走势，又要洞察未来的变化，才能制定出克敌制胜的策略。比如，在前述的“三段论”中，**我们可以通过改变大前提或重新定义大前提的关键词而找到最优解。**

一定要陪伴才是最好的爱吗?

教育专家经常强调，陪伴是对孩子最好的爱。基于这一理念，我们常常构建如下的三段论：

大前提：陪伴是对孩子最好的爱。

这一命题似乎无可辩驳，它凸显了陪伴在孩子成长过程中的重要性。陪伴不仅关乎孩子的情感需求，更是他们形成健康人格、建立安全感的关键。

小前提：我因工作繁忙而缺乏陪伴孩子的时间。

这是许多父母面临的现实困境。工作的压力、生活的节奏常常使得父母陪伴对孩子而言成了一件奢侈的事情。

结论：因此，我无法给予孩子最好的爱。

这个结论看似合乎逻辑，也在无形中给许多父母带来了愧疚和焦虑。

然而，这个三段论真的无懈可击吗？

工作繁忙没时间陪伴孩子，这确实是现代社会中普遍存在的问题。但问题在于，我们是否只能被这一困境所束缚，而无法找到新的出路？

在这个三段论中，大前提所定义的陪伴主要指的是“物理陪伴”，即父母在物理空间上的近身相伴。但陪伴的内涵远不止于此。还有一种陪伴，我们可以称之为“灵魂陪伴”。灵魂陪伴，是一种即便在物理距离上相隔，也能让孩子深刻感受到父母关爱与支持的陪伴方式。它强调的是情感的连接、心灵的沟通，而非单纯的物理在场。物理陪伴当然是重要的，它是建立亲子关系的基础。但灵魂陪伴却可以在物理陪伴无法实现的情况下，作为一种有力的补充。对于那些因工作繁忙而无法充分实现物理陪伴的父母来说，灵魂陪伴无疑提供了一种新的解题思路。

我自己就曾经面临过这样的困境。由于工作原因，我经常需要在周末出差，但我不想因此而放弃对孩子的陪伴。于是便尝试了一种新的方式——灵魂陪伴。我为孩子找到了几个有相同观念的家庭，成立了一个周末社团。每周由一个家庭轮流安排项目，其他家庭的父母如果太忙可以不参加。如此一来，虽然我在物理上并不能时时陪伴在孩子身边，但我的爱和关心却通过这种方式传递给了他。

在这个过程中，我们会越来越意识到：陪伴的本质其实是情感互动和心灵的沟通，而不仅仅是物理上的在场。

重要的是，辨析因果还将帮助我们避免为每件事找"替罪羊"。

辨析因果的重要性，不仅在于它能帮助我们深入剖析事物的内在联系，更在于它能引导我们走出一种常见的思维误区——为每件事寻找"替罪羊"。当不幸的事件发生时，我们往往倾向于寻找一个简单明了的原因，将责任归咎于某个具体的个体或群体。这种心理反应在一定程度上是人之常情，因为我们总是希望世界是公平和有序的，坏事的发生必定有其明确的肇事者。然而，这种归咎他人的本能往往会遮蔽我们的双眼，让我们忽略了对事件真相的深入探究，从而大大降低了解决问题和预防问题的能力。

例如，当小天考试不及格时，他可能会抱怨自己没有足够的时间复习，或者考题太难太偏，却不愿意承认自己没有付出足够的努力。同样，如果一名销售主管在工作中犯了错误，他也可能会责怪同事或上级给他提供了错误的信息，而不愿意正视自己的疏忽或失误。这种“替罪羊”思维不仅让他们错过了反思和成长的机会，还可能对人际关系和团队合作造成破坏。

当我们遭遇失败、陷入错误或面临难题时，很容易产生一种心理倾向，那就是将责任推卸给他人，以逃避自身的错误或不愿承担的责任。这种心理现象在心理学领域被称为“自我防卫机制”。它并非我们刻意为之，而是一种潜藏在内心深处的无意识过程，其目的在于维护我们的自尊和自我形象，避免自我受到打击。然而，这种归咎他人的本能反应，往往会阻碍探寻问题的真正根源，使我们陷入一种“都是别人的错”的误区。

要想摆脱这种思维定式，关键在于转变视角，从寻找“罪魁祸首”转向深入挖掘事件背后的原因。要“**寻找事件背后的原因，而不是寻找事件背后的坏人**”。也就是说，当不幸的事情发生时，努力克制自己（或者其他谁）的责怪冲动，转而冷静地分析导致这一结果的各种因素，特别是那些系统性的、深层次的原因。

同样地，**当我们期待好事情发生时，也不应该过分依赖某个英雄的个人或者组织**。相反，我们应该更加关注那些能够促进好事情发生的系统性和结构性因素。这种思考方式，实际上是一种更宏观、更深刻的因果分析和因果思维。

第三步：锚定切口，制造即时激励

1. 锚定切口的基础：制造即时激励

“先苦后甜”和“吃得苦中苦，方为人上人”这两句古老箴言，我们已经耳熟能详。它们共同传达了一个核心理念——延迟回报，即为了未来的更大收益，我们需要忍受眼前的艰辛和困苦。

但是，这种做法真的适用于当下和所有人吗？

延迟回报在一定程度上忽视了人类心理的复杂性。当我们面临持续的困难和挫折时，内心的不确定感和自我怀疑往往会逐渐累积。这种怀疑不仅会影响决策和行动力，还可能引发潜意识中的自我厌恶。我们在质疑自己的同时，也会对自己的质疑感到不安和自责。这种内心的纠葛和冲突会消耗大量的心理能量，使我们陷入疲惫和沮丧的漩涡。因此，虽然“延迟回报”的观念在某些情况下具有一定的积极意义，但不能盲目地将其奉为圭臬。

事实上，多数人并不能置身困境中涅槃，而是深陷困境中沉沦。

在许多情境中，延迟回报不仅是对耐心的考验，更可能引发一场内心的风暴。这种等待过程中的不确定性和焦虑，往往会催生出自我怀疑的恶魔。当决策未能立即带来预期的回报时，我们不禁开始质疑自己："是不是做错了选择？是不是不够努力？"这种质疑就像是一个黑洞，不断吞噬着我们的自信和决心。而更为糟糕的是，这种自我怀疑往往会引发潜意识中的自我厌恶，使我们陷入一种无法自拔的负面情绪漩涡中。

在这个过程中，我们不仅怀疑自己的能力和价值，还会对自己的怀疑感到厌恶和不安。这种厌恶和不安进一步加剧了我们的内心冲突和能量消耗。我们试图摆脱这种怀疑，却发现自己陷入了一个无休止的自我责备循环中。这种内心的纷扰和挣扎会消耗大量心理能量，使我们无法专注于真正重要的事情。而无休止的自我责备则像是一把无形的枷锁，将我们束缚在原地，无法前行。

因此，当聚焦于"锚定切口"这一讨论时，**并非在探讨如何拥有坚如磐石的意志，而是在探索作为普通人的我们，如何能够在日常生活中保持持之以恒的态度**。毕竟，真正的挑战并不在于短暂的激情迸发，而是在于漫长岁月中的不懈坚持。那么，我们究竟如何才能持续地投入行动，不被困难和挫折所打败呢？答案或许就隐藏在每一次行动之后的所见所得之中。每当我们完成一项任务或达成一个目标时，如果能够亲眼看到实际的成果，无论是获得物质回报还是精神满足，这种即时激励都会成为继续前行的动力。事实上，人们对于即时满足的渴望是普遍存在的。正如查尔斯·杜希格（Charles Duhigg）在其畅销书《习惯的力量》中所揭示的那样，有效的习惯形成需要三个关键要素的协同作用：暗示、行为和奖赏。而在这其中，奖赏的作用就类似于即时激励，它能够在脑海中形成一个积极的反馈循环，促使我们不断地重复某一行为，直到它变成一种自动化的习惯。因此，为了激发行动意愿，应该学会创造即时激励。这意味着我们需要将那些看似遥不可及的长远目标分解成一个个触手可及的小目标，每完成一个小目标就给自己一点小奖励。这样一来，就能够在不断的小成功中积累信心和力量，最终迈向更大成就。

锚定切口就是找到有即时激励的行动，或者为行动创造即时激励。例如，你最近正在努力塑形，练习了一周后，发现轻了1公斤。你将这一成果分享到朋友圈，并在5分钟内获得了100多个赞。这种反馈就是一种即时激励，它使你感到欣慰，并有动力继续锻炼。即时激励能有效促进大脑中多巴胺的分泌，引发愉悦情绪，并激发我们再次行动的欲望。因此，可以通过创造或寻找即时激励，来提高我们坚持行动的可能性。

很多时候，当人们在追求目标的道路上半途而废时，他们往往将失败的原因归咎于执行力不足。然而，在深入分析后不难发现，真正的问题可能在于缺乏即时有效的激励。没有即时的正向反馈，我们很难在漫长的旅程中保持初心和动力。因此，设置合理的阶段目标和即时奖励，对于我们的行动很重要。

当然，任何时候我们都要记住，最重要的即时激励是：能完成。

2. 锚定切口的核心：行动才能产生价值

在商业竞争中有一条金科玉律，那就是“一切从简”。正如设计大师贾尔斯·科尔伯恩（Giles Colborne）在其著作《简约至上》中所言：“简单并不意味着最少，而是去掉不必要的复杂。”这句话道出了简约的真谛——**在纷繁复杂中寻找并剔除冗余，保留最本质、最高效的部分。**

这一原则的应用无处不在。无论是精心打造简洁明了的购物页面，还是优化公司的商业变现流程，目的都是为了让用户能够以最少的操作步骤、最短的时间到达目的地。因为每增加一个操作步骤，都可能引发用户的不耐烦，进而增加用户流失风险。毕竟，在快节奏的现代生活中，时间是最宝贵的财富，没人愿意在冗长的过程中浪费时间。同样的道理也适用于日常生活、工作以及教育。人们都知道好习惯的重要性，但往往难以养成。这很大程度上是因为我们在一开始就设定了过于复杂的目标。早睡早起、每天运动一小时、阅读和反思……这些听起来就让人望而生畏的任务，往往让我们在尝试之前就已经打起了退堂鼓。

那么，如何才能轻松迈出好习惯的第一步呢？答案就是：从简单开始。选择一个易于实现的行动作为起点，比如完成一节 Keep 课程。这样的目标既具体又可行，不会让我们感到压力山大。而且，即使每天只能做到一节课程，也没关系。重要的是通过这个简单的仪式感行动来开启新的一天。

只有行动，才能产生价值。对于深陷泥坑的人来说，最重要的是让自己行动起来。只有迈出了第一步，才可能逐渐摆脱困境。很多事情在没有开始做之前，我们总会有错误判断、会有疑惑、会有焦虑。在行动中学习，学习中行动，也就是互联网思维的“小步试错，快速迭代”。这个过程就像拼图游戏，我们一点点地将碎片拼凑起来，最终形成完整的图像。随着时间推移，“顺便做点什么”的想法会逐渐转化为积极的心态，促使我们更好应对挑战。行动造就的阅历，正是我们不断试错后还能减少犯错的关键所在。我们期望找到一些普适的道理来概括生命的真谛。然而，事实是，再精辟的道理也无法替代阅历。

我们也常渴望达到卓越，但这并不意味着我们需要等待一个“神奇的时刻”来实现。相反，应该将注意力转向培养那些能让我们变得更好的习惯。这些习惯可能看似微不足道，但随着时间积累，它们将成为生活的一部分，塑造性格和成就。如果我们一直在寻找通往卓越的道路，最可行的方法就是专注于建立这些习惯，并让它们成为我们的底线。

3. 锚定切口的功能：夺回日常生活支配权

意义，确实对指导我们的行动很重要。

但是，到底什么是意义？

意义，是我们赋予行动可被感知到的价值。“意义”是一种主观的认定，一种“我认为值得”的情感体验。意义，其实也是我们赋予自己行为与外界事物之间一种因果关系（即为何去做某事）。这种因果关系，使我们的行为有了目的性和方向性。

意义，本身就是深度思考的结果。通过源思维，我们理解事物的本质，理解自己与事物的关系，从而赋予我们的行为以意义。这种意义，既是对行为的肯定，也是对生活的诠释。当我们赋予行为以意义，也就在为生活赋予价值。

在更深的层面，意义，这个看似缥缈而又主观的概念，为何我们总是不懈地追寻它、界定它呢？这背后的缘由，根植于我们在客观世界中所经历的种种无奈与无力感。当外部世界无法满足我们的需求，当我们感到被束缚、被限制，便会自然而然地转向内心世界，去探寻一种更为深刻、更为持久的满足。对人生而言，最可怕的事情莫过于意义的虚无和价值的式微。那种深沉的绝望和无助感足以摧毁一个人的意志和信念。而锚定切口的存在，正是为了帮助我们避免陷入这种境地，它提醒我们时刻关注生活的意义和价值。

这种对内心满足的渴望，正是我们对意义的追求。

意义，有时并不需要经过严密的论证，便被我们无条件地信奉。这种无条件的信奉，便是信仰的萌芽。有时，意义会经过理性的审视和论证，才被我们所认可。这种经过理性加工的意义，便构成了哲学的基础。哲学，作为对智慧的热爱和追求，正是建立在对意义的深入思考和不断追问之上。更进一步地，当意义不仅经过理性的论证，还得到了经验的验证，它便成了科学的内核。科学，以其严谨性和可证伪性，为我们提供了一种理解和把握世界的可靠方式。**信仰、哲学和科学，这三者看似截然不同，实则都是我们对意义探寻的不同路径。**

锚定切口的重要功能，在于通过即时的、及时的以及持续不断的意义确认，使得我们那原本可能缥缈不定、随波逐流的生活，得以获得稳固的支撑和明确的指引。让我们在面对生活层出不穷的挑战时，依然能够保持清晰的目标感和坚定信念。从关键切口出发，不仅能够逐渐夺回对日常生活的支配权，更能够摆脱被外界因素所支配的被动局面。这意味着，我们将拥有更多的自由和选择，可以根据自己的意愿、需求以及价值观安排生活。这种自主性的实现，无疑是对抗人生无意义感和价值缺失的有力武器。

通过锚定切口寻找意义，我们也就将思考的感性与理性做了链接。正如我一直坚持的研究原则和学术风格："左手捻花，是温度；右手执剑，是力度。"力度象征着理性所带来的坚定与力量，温度则代表着感性所赋予的温暖与温情。感性与理性并非矛盾存在，而是共同构成了我们完整的人格和思维方式，使我们在面对复杂多变的人生时，既有力量应对挑战，又有温情拥抱生活的美好。

第四章

实践：
源思维演练案例

持续付出思维劳动

在平时思考的过程中，我们往往容易忽视其背后的运作机制，将其视为一种自然而然、不用费力的过程。但这并不准确。实际上，正如任何其他能力一样，深度思考也需要付出艰苦的思维劳动。在学习和掌握源思维的过程中，我们更需要主动去审视、分析和重构自己的思维模式。

思维劳动，是提升思维层次的刻意训练。

人们无法在一夜之间成为优秀的运动员、音乐家或者舞蹈家，因为这需要无数次的练习和磨炼。同样，我们也不可能在一夜之间就变成优秀的深度思考者，因为这需要不断学习和思考。如果想要提升自己的思考层级，就必须付出思维劳动。没有付出就没有收获，没有思维劳动，就没有思维收获。

希腊哲学的表达，推导和思辨过程被视为重要一环。在柏拉图的《对话录》中《飨宴篇》特别引人注目。这篇对话录针对一个主题“Eros”（通常被译为“爱”），从不同的角度进行了探讨。参与讨论的发言者涵盖了各个领域，包括医生、戏剧家和诗人等，他们都根据自己的专业背景和经验，对 Eros 给出了独特解释。而是否最后会有结论，柏拉图反而不太关心。这种多角度的探讨方式，使得《飨宴篇》成了解柏拉图爱情观的重要文本，也为我们理解这个复杂主题提供了丰富视角。即，Eros 是一种追求美的欲望，它驱动我们去追求知识、智慧和真理，

然而，中国传统哲学通常使用比较简洁的格言式表达，省去推导而剩下结论。比如，《论语·泰伯》中，子曰“民可使由之，不可使知之”，这就是一个结论，听了之后不必做太多思考，照做即可。此外，也有很多“非黑即白”的二元划分。比如:《论语·为政》中，子曰“君子周而不比，小人比而不周。”《论语·述而》中，子曰“君子坦荡荡，小人长戚戚。”《论语·里仁》中，子曰“君子喻于义，小人喻于利。”这些观点在某种程度上是成立的，反映了人们在面对道德和利益时的不同选择，但这些观点无法经受源思维的逻辑推敲。

首先，简化了人性的复杂性，即只有一个假设。人们在面对道德和利益时，往往会有多种选择，而不仅是“君子”或“小人”这两种极端。例如，有些人可能会在追求利益的同时，也考虑道德因素；而另一些人在面对道德困境时，也会考虑自身的利益。因此，这些观点无法完全描述出人性的复杂性。只有两种人“君子”和

“小人”，而他们的特质和品德截然对立，这是真实的人吗？

其次，缺乏因果分析和条件限定。孔子并没有明确指出为什么“君子”会喻于义，而“小人”会喻于利。这种缺乏因果关系的表述，容易让人误解为“君子”和“小人”的特质和品德是自然而然形成的，而没有考虑到环境、教育、社会等因素的影响。

最后，过于强调道德和利益的对立。在现实生活中，人们往往需要在道德和利益之间做出平衡和取舍。而这些观点可能过于强调道德的重要性，而忽视了现实生活中的复杂性和多样性。

因此，对我们来说，思维劳动确实更为必要。而在日常生活中尝试做思维日志，是一种比较有效的思维劳动。

思维日志的格式如下：

- 描述那些对我们而言的重要事件，也是我们很关心的事情。
- 一次只记录一个事件。
- 描述我们在此事件中的主要行为。说了什么？做了什么？
- 我们的行为给对方带来的反应是什么？有不好的反应吗？
- 如果可以重新来过，我们会对自己的行为做出哪些改变？

这个过程实质上是一个反思的过程，它能够帮助我们更加精确地剖析事件发生的原因，理解自己在其中的角色和作用。同时，思维日志也是一种结构化的思维表达方式。通过记录和分析，可以将零散的思绪整理成有序的框架或模型，进一步提升思维的条理性和清晰度。这种结构化的表达方式，与我们的源思维模型不谋而合。

源思维，就是思考过程的结构化表达。因此，模型建构不仅仅是研究人员的专利，也是我们的日常生活产出。

结构化表达，实质上是一种“拆解思考过程”的艺术。它的目标在于使我们的思维变得清晰、有条理，并充满逻辑性。通过这一方法，我们能够将那些看似错综复杂的信息分解为更小的、更易于理解和管理的部分。这样的分解不仅有助于我们更好地把握问题的本质，还能为我们提供解决问题的有效路径。

当我们在与他人沟通时，结构化表达同样发挥着不可替代的作用。我们可以先抛出一个总的观点，然后逐一列出支持这个观点的分论点。每个分论点又可以像树枝一样进一步展开，形成丰富的论证体系。这样的表达方式不仅使观点更加清晰明了，也大大降低了对方的理解难度。在模型建构的过程中，我们同样可以运用结构化表达的思维。无论是三角形、圆形还是流程图等图形工具，只要能够帮助我们更好地梳理思路、呈现问题，都可以被灵活地运用到思考过程中。这些图形工具不仅让我们的思考变得更加直观和形象，也为我们提供了更多元、更丰富的表达方式。

一般而言，结构化表达的基本步骤是：

首先，明确问题本质和目标。

其次，将问题分解为多个更小的部分。这可以通过使用诸如“5W1H”（Who，What，When，Where，Why，How，and How much）之类的问题来帮助我们实现。例如，如果我们需要解决一个问题，如“如何提高孩子内驱力？”，我们可以将其分解为“Who”（谁应该负责？是孩子还是家庭合作）、“What”（我们应该做什么）、

“When”（我们何时应该采取行动？）等。在此过程中，我们还需要持续对每个部分进行深入分析（也就是继续拆解思考过程），以便更好地理解问题的本质和影响因素。这可以通过使用诸如“鱼骨图”（Ishikawa Diagram）之类的工具来帮助我们实现。

最后，综合分析结果并提出解决方案。这可以通过使用诸如“决策树”（Decision Tree）之类的工具来帮助我们实现。可以使用决策树来评估几种解决方案的优缺点，并确定最佳方案。

以下是一个结构化表达的案例：

情境：夫妻双方对于家庭财务的管理存在分歧

妻子的结构化表达如下：

1. 明确表达问题与需求：
   - “我们需要谈谈家庭财务的管理问题。我希望我们能够共同参与规划和决策。”
2. 具体阐述现状与困扰：
   - “最近我发现家庭支出有些超出预算，而且有些重要的支出决策似乎没有经过充分的讨论和规划。”
   - “这让我感到有些担忧，我认为我们需要共同掌握家庭的财务状况，以便做出更明智的决策。”
3. 提出具体建议与期望：
   - “希望我们能够每个月抽出一些时间来一起查看家庭账单和支出情况，共同制定预算和储蓄计划。”
   - “在做出重要支出决策时，我也希望你能够更积极地参与讨论和提出建议。”

4. 邀请对方分享观点与感受：

- “你觉得这样的安排怎么样？有没有什么建议或者担忧？”
- “我想听取你的想法和意见。”

通过思维劳动，我们观察世界的视角得以持续重塑，就像一座不断雕琢的雕塑，逐渐展现出更加细腻和深刻的轮廓。这种视角的重塑为我们提供了丰富的机会，让我们能够以前所未有的方式洞察世界的奥秘。

思维劳动的魅力在于，它不仅仅是一种智力上的挑战和锻炼，更是一种精神上的升华和蜕变。在这个过程中，我们不仅能够收获知识和智慧，更能够体验到思考带来的乐趣和成就感。我们甚至可以寻找思维搭子，一起来训练思维劳动。

接下来，我将通过一些案例，模拟深度思考的过程。这一过程的核心在于运用“还原事实–辨析因果–锚定切口”的源思维模型，以改善我们的认知，并逐步提升思考的层级。这些案例各具特色，有的案例将遵循源思维模型的标准流程，逐步推导，直至揭露问题的本质；而有的案例则采用非标准化的模拟方式，灵活运用源思维模型的各个步骤，但不一定完全按照既定的顺序进行推导。

案例："婚姻是爱情的坟墓"

第一个案例是：理解"婚姻是爱情的坟墓"。

显然这是比喻的说法，其实质是在谈论爱情与婚姻的关系。可以表述为：

> 在婚姻中，爱情将被影响、被损耗乃至消失。

如果用因果关系来表达，这句话可以简单表述为：

> 因为婚姻，爱情将逐渐消失。

我们用源思维模型来重新理解这句话。

第一步：还原事实

这句话有两个关键概念，爱情和婚姻。我们来看看它们的内涵：

在心理学领域，爱情通常被定义为一种强烈的、积极的情感。比如，罗伯特·斯滕伯格（Robert Sternberg）提出了爱情三元素理论。他认为爱情由三个基本元素组成：亲密（intimacy）、激情（passion）和承诺（commitment）。亲密是指在爱情中双方之间的情感连接和亲近感；激情是指爱情中的强烈感情、生理反应和渴望；承诺是指爱情中的决定和承诺，包括短期和长期的承诺。斯腾伯格认为，这三种元素可以组合成各种不同类型的爱情。

在社会学领域，爱情通常被定义为一种社会现象，它涉及人与人之间的关系和互动。例如，威廉·古德（William Goode）将爱情定义为一种长期的、承诺性的亲密关系，这种关系基于共同的价值观、兴趣和目标。

在生物学领域，爱情通常被定义为一种生物现象，它涉及激素、神经递质和脑部活动等生物学因素。在生物学中，爱情常常被看作是一种生物适应性，它涉及繁殖、抚养后代和保护家庭成员等生物学功能。例如，海伦·费舍尔（Helen Fisher）在《我们为何相爱：进化、生物学与人类性行为》中探讨了爱情如何受到生物因素的影响。

至于文学作品中关于爱情的描绘实在是丰富多样，爱情通常被视为一种强烈的、充满激情的情感体验。例如，威廉·莎士比亚（William Shakespeare）在《罗密欧与朱丽叶》中写道："爱情是生命的火花，没有它，一切变成黑暗。"

综合以上，我们可以给爱情概括性的定义：**爱情是一种情感连接，通常表现为一个人对另一个人的强烈关注、关心和承诺。**

然而，相比较爱情，试图对婚姻下定义的人要少很多。即便有定义，也通常出现在法律和制度文本中。比如，《中华人民共和国民法典》的规定（有意思的是，《中华人民共和国婚姻法》并未对婚姻给出定义）：

> 婚姻是男女双方自愿结合，以永久共同生活为目的，并以夫妻名义相互扶持、共同承担家庭责任的一种民事法律行为。

可见，**婚姻是一种社会制度**，通常涉及两个人之间的长期承诺和法律认可，同时承担道德和法律范围内的共同责任，比如共同养育子女。

第二步：辨析因果

我们要分析的是：

> 因为婚姻，爱情将逐渐消失。

是如此吗？

首先来看爱情和婚姻的关系。基于上面的定义，我们可以看到二者关系：

第一，**婚姻通常以爱情为基础**。这句话的意思是，大多数婚姻源自爱情，但没有爱情也可以有婚姻。

第二，**婚姻和爱情的性质不同**。爱情，作为一种主观的情感体验，它是自然的、自愿的，同时也是无法被安排的。它源于内心的悸动，是一种无法言喻的美好感觉。而婚姻，作为一种社会制度，它是人为设计的、建构的，其内容往往具有强制性。在婚姻中，夫妻双方需要承担一定的责任和义务。通俗点说，“爱上谁”无法被规定，但在婚姻中要对谁负责，通常是被规定的。比如《婚姻法》第四条规定：夫妻应当互相忠实，互相尊重。

基于上述，“爱情是婚姻的坟墓”是一种相对夸张的表达，它强调的是爱情与婚姻之间难以回避的矛盾与冲突。这种矛盾并非凭空产生，而是源于两者本质上的差异：

首先，爱情与婚姻在性质上存在着显著差异。爱情，是两个人之间纯粹的情感纽带，它通常超越了世俗的界限，只关乎彼此的心灵相通。然而，婚姻却远不止于此。它不仅仅是两个人的结合，更是两个家庭、两种社会关系的交织与碰撞。在婚姻中，情感只是众多要素之一，还需考虑文化、经济、法律等诸多方面的因素。因此，爱情的维系或许相对简单，但婚姻的维系却需要应对更复杂的挑战。

其次，婚姻对爱情的影响具有双重性。一方面，婚姻可能为爱情提供更加深厚的土壤。在共同面对生活的挑战与困难时，夫妻之间的情感连接会更加紧密，形成类似命运共同体的牢固关系。这种深度的情感融合是爱情在婚姻中得以升华的体现。然而，另一方面，婚姻也可能成为爱情的枷锁。由于婚姻的复杂性和所承载的责任的沉重性，夫妻之间更容易产生摩擦与矛盾。这些矛盾如果得不到妥善的处理，就会逐渐侵蚀爱情的基础，导致情感的疏离与损耗。

因此，爱情与婚姻，这两者虽常被并提，却拥有截然不同的性质。它们之间的关系并非必然，更非简单的线性因果。**不能单纯地认定婚姻是爱情的升华，或是婚姻的琐碎会冲淡爱情的浓烈**。实际上，爱情是情感的交融，是心灵的契合，而婚姻则是社会的制度，是法律的约束。它们各自独立，却又在某些时刻交织在一起。因此，我们不能期待婚姻会自动让爱情更深化，也不能恐惧婚姻会让爱情淡化。只有当我们真正理解并尊重它们的差异，才能在爱情与婚姻的道路上走得更远、更稳。

第三步：锚定切口

既然爱情与婚姻之间的关系如此复杂多变，那么我们如何才能扩大婚姻对爱情的正向影响，让爱情在婚姻的土壤中更加茁壮呢？

显然，**这个问题的关键在于双方是否具备应对婚姻挑战的相爱能力**。相爱，需要相爱的能力。为什么有的人在爱情的浸润下变得更加美好，而有的人却在爱情的漩涡中迷失了自我？这其中的差别，就在于是否掌握了相爱能力。

首先，相爱需要知识储备。两个人在一起生活，不仅仅是情感的交融，更是两个世界的碰撞与融合。我们需要了解对方的喜好、习惯、价值观等方方面面，这些知识是维系爱情的重要基础：

首先，了解对方的职业是重要的。这不仅仅是为了在闲聊时有共同话题，更重要的是，当对方在工作中遇到难题或挑战时，能够基于对其职业的了解，提出有建设性的意见或建议，成为他（她）在职业发展道路上的支持者。

其次，熟悉对方的爱好同样不容忽视。这意味着我们需要投入时间和精力去了解那些对我们来说可能陌生但对对方来说很重要的领域。这样，在对方沉浸于自己的爱好时，不仅能够理解他（她）的热情所在，还能积极参与其中，进行有意义的交流，而不是因为感到无法融入而选择被动地离开。

同样地，记住一些生活中的小笑话（梗）也能在关键时刻发挥奇效。当气氛变得有些尴尬或紧张时，一个适时的笑话往往能够轻松地打破僵局，让彼此在笑声中重新找回舒适和亲密。

最后，熟读一些成语和历史故事也是非常有意义的。这些经过时间沉淀的智慧结晶，不仅能够在日常交流中增添趣味，而且在对方遇到挫折或需要安慰时，还可以引用这些故事来传达鼓励和支持。

没有足够的知识储备，爱情可能会随着时间的推移而逐渐转化为亲情，但这样的转变并不能保证爱情的长久。

其次，相爱还需要我们具备沟通、理解、包容等诸多具体能力，特别是，相爱需要回应对方的需求。**如果相爱是一种能力，这种能力的本质不仅仅是回应需求，而且是回应对方的需求。**比如：

每个人都拥有一套独特的情感节奏和距离感。这就像是一场无声的交响乐，每个人都在按照自己的乐谱演奏，有的人旋律轻快跳跃，有的人则深沉悠扬。对于一些人来说，爱情并不需要每天缠绵悱恻，他们更倾向于保持一定的独立性。然而，另一些人则截然不同。他们认为恋人之间就应该如胶似漆，无缝隙地融合在一起。

每个人在心理层面上也存在着不同的情感距离。有些人渴望与伴侣达到心灵上的完全契合，他们认为两个相爱的人就应该在心理上紧密相连，没有任何隔阂。而另一些人则更看重个人空间和自由度，他们认为即使是相爱的两个人也应该保持一定的心理距离，这样才能让彼此都感到舒适和自在。

如果相爱需要一种能力，那么这种能力绝非天赋，而是需要后天的学习与培养。如果我们不去学习如何相爱，那么爱情之花就会逐渐枯萎，婚姻之舟也难以在风浪中稳健前行。

因此，“爱情是婚姻的坟墓”这一说法更多是警示：婚姻生活的琐碎和现实压力有可能侵蚀原本美好的感情，使之逐渐变得平淡无奇，甚至消磨殆尽。然而，这并不意味着婚姻注定是爱情的终结者。这句话更深层的含义在于提醒我们，面对婚姻这一复杂而多维的关系时，提升相爱能力显得尤为重要。

案例："门当户对"

第二个案例是：理解"门当户对"。

有的人认为，"门当户对"是糟粕，是对真爱的玷污；有的人则据理力争，认为"门当户对"有道理。我们还是用源思维来分析吧。

第一步：还原事实

我们先定义"门当户对"。

《西厢记》第二本第一折写道："虽然不是门当户对，也强如陷于贼中。"《红楼梦》第七十九回写道："我们太太原是见过的，又且门当户对，也依了。和这里姨太太凤姑娘商议了打发人去一说，就成了。"

“门当户对”这一观念，在传统社会中承载了深厚的文化内涵。它主要是指在婚配时，男女双方家族的社会地位及经济状况应当相当，以求达到一种平衡和和谐。这一观念并非空穴来风，而是深深植根于我国的历史和社会结构中。回溯历史，魏晋南北朝时期，大氏族制度逐渐兴起。在这一制度下，家族的社会地位往往与其政治权力和文化影响力紧密相连。即便某些大氏族在经济上并不十分富裕，他们依然能够凭借高贵的血统和广泛的社会联系而享有崇高的地位。相反，那些非大氏族的家庭，即便家财万贯，也可能因为缺乏政治和文化的支撑而处于相对较低的社会地位。因此，在那个时代，“门当户对”更多是强调门阀阶层的匹配。

历史的车轮滚滚向前，现代社会已经消灭了门阀制度，“门当户对”的内涵也随之发生了变化。在今天的语境下，**这一观念更多地是指人们在婚配时，寻求具有相似家庭背景和成长环境的伴侣。**

第二步：辨析因果

那么，这种“门当互对”对婚姻有什么影响呢？

婚姻，这一复杂而微妙的相处艺术，在其表象之下，有两个核心因素如同无形的双手，悄然操控着其走向与脉络——那便是性格与价值观。

性格，作为每个人独特的心理印记和行为密码，它如同一面镜子，反射出我们在面对生活的喜怒哀乐、风风雨雨时的真实反应和应对策略。它是我们内在的、固有的，却又在与外界的不断交互中逐渐显现和成熟。在婚姻的舞台上，性格的差异和相容性往往成为决定剧情发展的关键。而价值观，则像是一座灯塔，指引我们对生活中的是非曲直、善恶美丑做出判断。它虽然看似抽象和遥远，实际上却无处不在，无时无刻不在影响着我们的决策和行动。价值观的差异，常常在不经意间引发夫妻间的摩擦和冲突，有时甚至演化为难以调和的矛盾。当有一天，双方连争吵都无法在同一个频道上进行时，才会体会到，婚姻中两个人的价值观一致是何等的重要。

要判断双方的价值观是否一致，可以通过探讨一些具体而深入的问题来获得答案。这些问题能够帮助我们更清晰地了解对方的底线和期望，从而为建立稳固的关系奠定基础。以下是几个关键问题的示例：

首先，探讨如何看待我们的缺点。这个问题旨在探索接纳程度和解决问题的态度。可以问："你最在意我的哪个缺点？如果我无法立即改变，你将如何应对？"通过回答，可以判断是否具备宽容和理解的心态，以及我们是否愿意共同成长和面对挑战。

其次，探讨如何看待我们与家人（或朋友）的相处方式。这个问题涉及对方对家庭关系和社交模式的看法。可以问："你认为我与家人（或朋友）之间的相处应该如何？有没有你认为需要改进的地方？"通过这个问题，可以了解对方是否尊重你的家庭文化和个人社交圈，以及在面对潜在冲突时将采取何种立场。

最后，探讨如何看待孩子的教育和成长。

如果这三点看法相对一致或者能够妥协，那大概就是价值观一致。每个人的价值观，是在特定的成长、教育和生活过程中逐渐形成的。因此，一般来说，**具有相似家庭背景和成长环境的人，也就是“门当户对”，他们的价值观更可能趋于一致**。然而，对于那些来自不同成长背景的人，他们在待人接物、消费观念、事业追求等方面都可能存在巨大的差异。

例如，当你分享快乐时，他们可能会将其视为炫耀；当你倾诉心事时，他（她）可能会觉得矫情。无论你说什么，他（她）都可能挑剔不满，仿佛对牛弹琴，鸡同鸭讲。他（她）不仅在语言上攻击你，情绪上也会针对你。久而久之，再多的爱与情，都可能会在这些分歧中逐渐消耗殆尽。

再比如，近年来，网络上热议的“凤凰男”，其实质揭示了深层的社会现象和价值观的碰撞。这种冲突，在消费观念上表现得尤为淋漓尽致，特别是在凤凰男与富家女的微妙互动中。凤凰男，作为一个特定的社会群体标签，通常代表着那些出身并不显赫，但凭借个人努力和才智，在社会中崭露头角的男性。他们的成长背景，塑造了他们节俭、务实的消费观念，强调物有所值，注重实用性和性价比。然而，与凤凰男形成鲜明对比的，往往是那些家境优渥的富家女。她们对于生活品质有着极高的追求。在消费上，她们更看重品牌、设计和奢华感，愿意为了这些无形的价值支付昂贵的代价。这两种截然不同的消费观念，在日常生活中不断发生碰撞。凤凰男可能会觉得富家女的消费过于铺张浪费，而富家女则可能认为凤凰男的节俭过于小家子气。这样的差异，如果不加以沟通和理解，很容易在生活的点滴中积累成难以调和的矛盾和摩擦。

以下的对话更是屡屡发生：

- 男方："我想去街边撸串，大快朵颐地吃麻辣烫。"话语中充满了对街头小吃的向往和对平凡生活的热爱。
- 女方："麻辣烫多脏啊，卫生条件堪忧。我想去吃牛排，品味那红酒的醇厚，那样的环境才更有氛围。"言辞中透露出对精致生活的追求和对品质环境的执着。
- 女方："我想去看莎士比亚的戏剧，聆听那歌剧的悠扬。"她的眼神里闪烁着对文化艺术的渴望和对精神世界的向往。
- 男方："这些人离我们天远地远，他们的世界与我们何干？还不如打一把游戏来得实在。"他的话中透露出对现实生活的满足和对虚拟世界的沉迷。

生活本就多姿多彩，每个人对幸福的定义也不尽相同。有人追求的是品质与文化，有人钟情的是简单与快乐。但无论何种选择，尊重彼此的差异是前提。

第三步：锚定切口

更进一步，我们还可以将刚才的分析还原成"三段论"：

大前提：两个人的婚姻相处，价值观一致更有可能减少冲突。

小前提：门当户对的人更容易保持价值观一致。

结论：因此，门当户对对婚姻很重要。

大前提与小前提都是基于概率的考量，而非绝对的论断。换言之，并不是说“价值观相对一致就一定没有冲突”，因为在实际生活中，即使价值观相近的个体之间也可能因各种原因产生摩擦。同样地，我们也不主张“不门当户对的人就一定价值观不一致”，因为人与人之间的心灵契合并不总是受限于外在条件的匹配。

事实上，我们常常会观察到一些令人意外的现象：家庭背景迥异的两个人，尽管在物质条件和社会地位上存在巨大差异，但他们的心灵距离却可能比我们预想的要近得多。这种超越物质界限的精神共鸣，让我们不得不重新审视“门当户对”这一传统观念。然而，从统计学的视角出发，不得不承认，门当户对的家庭背景确实在一定程度上增加了人们建立长久稳定关系的可能性。这并不是说其他类型的配对就一定无法长久，而是在大概率上，拥有相似家庭背景的人们更容易找到共同语言，更容易在生活的各个方面达成共识。因此，在寻求伴侣或建立人际关系时，**家庭背景的相似性仍是一个值得参考的因素。**

婚姻，这一古老的社会制度，其状态万千，但门当户对无疑是其中较为合适的一种。表面上看，婚姻只是两个单身者的结合，但随着时间的推移，这种结合逐渐演变为两个家庭，甚至两个家族的互动与磨合。那些看似美好的高攀或下嫁的爱情，虽然在搀扶和陪伴中彼此成长，但实际上，他们的灵魂可能早已无法势均力敌。因为经济能力的差异，会经历忍气吞声的困境；因为社会地位的不同，会面临冷嘲热讽的困扰；因为家庭教育的差异，会产生修养上的偏差；因为文化水平的差异，会出现认知上的断代；因为消费观念的不同，会发生摩擦和争吵；因为意志能力的差异，会在挫折修复的过程中感到疲惫。所有这些差异，都让婚姻中的两个人觉得彼此并非一路人。**婚姻的延续，本质上是两个人的动态匹配。**

案例："女孩富养，男孩穷养"

第三个案例是：如何理解"女孩富养，男孩穷养"。

第一步：还原事实

从字面来看，这句话表达的是孩子性别、家庭条件与教育方式的关系。男孩应该被"穷养"，即对男孩的需求进行限制，鼓励他们独立自主，培养他们的坚韧和毅力。而女孩则应该被"富养"，即尽量满足女孩的需求，为她们创造良好的条件，以培养她们的自信和自尊。

第二步：辨析因果

性别真的会影响教育方式吗?

对女孩要富养，对男孩要穷养。这个因果关系的成立，前提是男孩和女孩有很大差异。这种差异性是什么呢？

比如，通常认为，男孩通常更具有冒险精神和竞争意识，而女孩则更注重人际关系和情感交流。因此，对男孩进行穷养，可以让他们更好地适应社会竞争，培养他们的独立性和责任感；而对女孩进行富养，可以让她们更好地发展自己的个性和才能，培养她们的自信心和优雅气质。

那么，是否真的如此呢？所有男孩和女孩都这样吗？显然不是。

“男孩穷养，女孩富养”实际上过于简化了每个孩子独特而丰富的个性与需求。在现实生活中，很难用一句“男孩一定会如何如何，女孩一定会如何如何”来概括和预测每个孩子的成长轨迹。这种观念不仅忽略了他们作为独立个体的差异性，而且可能引发一系列教育问题。比如，对男孩过于苛刻的“穷养”可能导致家长对其期望值过高，从而使孩子背负着沉重的心理压力，长期下来可能影响其心理健康和自尊心的发展。相反，对女孩过于宠溺的“富养”则可能让家长对其期望值过低，无形中剥夺了孩子挑战自我、锻炼能力的机会，导致其长大后缺乏自信和独立解决问题的能力。

第三步：锚定切口

明确因果之后，就会知道：孩子价值观的形成，关键不是刻意穷养或者竭力富养，而是如何看待家庭条件与成长的关系。

对没有条件的家庭，父母的任务并非盲目地为每一个孩子（尤其是女孩们）去创造超出其家庭承受能力的条件。相反，父母应当坦诚地告知孩子们家庭的真实状况，激发其内在动力，学会如何在现有的环境中自我创造、自我提升。这样的教育方式，不仅能够帮助孩子们建立起对生活的深刻认识，还能培养他们独立自主、勇于面对挑战的品质。同时，他们也可能会更加懂得感恩，对于他人的帮助和支持心怀感激，并愿意将这种温暖传递下去。

而对于那些条件优越的家庭来说，父母的责任则是引导他们更好地利用现有的资源，为其成长提供更多的助力。财富的最大意义是保障自由。父母应当鼓励孩子发挥自己的优势，将家庭的条件优势与个人努力相结合，从而实现更大价值。在这样的环境下长大的孩子，可能会拥有更多的机会去探索世界、实现自我，也可能会拥有更多的资源去支持他们的梦想和追求。同时，也将学会如何更好地回馈社会，用自己的力量去帮助那些需要帮助的人。

用创新链演习源思维

创新，从字面上便可窥见其内涵——创，乃起始之意；新，则与旧相背。在悠久的历史长河中，创新这一概念早已被先贤们所提及，且被赋予了丰富的思想内涵。《魏书》中的“革弊创新”与《周书》里的“创新改旧”，便是对这一思想在不同时代的呼应与诠释。与创新意义相近的词汇，如维新、鼎新等，也在诸多经典中留下了深刻印记，诸如“咸与维新”“革故鼎新”“除旧布新”，以及那“苟日新、日日新，又日新”的箴言，都体现了民族对于持续创新、不断革新的追求与向往。在现代管理学的语境下，“创新”已不再局限于字面意义上的新旧更替，而是成了一个涵盖多个领域的广义概念。它不仅仅是在新思想、新技术上的突破与探索，更包括了新产品、新服务以及新商业模式等方面的创造性实践。

这些定义，虽然角度不同、侧重点各异，但都在强调同一个核心：创新在组织发展和市场竞争中的不可或缺的重要性。同时，这些定义也展现了创新的多维度和复杂性，它既是观念的更新，也是技术的突破；既是产品的升级，也是服务的优化；既是生产方式的变革，也是商业模式的创新。创新，就是这样一个充满无限可能和挑战的广阔领域。

我认为，**创新是一种解决两难问题的策略。**

创新并非简单地用新事物替代旧有存在，而是一种更为精妙、更具智慧的思维方式和实践行动。实质上，它用更为合适、更为高效的方式去应对那些看似无解的挑战。两难问题，又称之为困境或进退维谷，是生活中一种极为常见的现象。当个体或集体面临两个或多个相互冲突、相互矛盾的选择时，便会陷入这种两难的境地。无论最终选择哪一方，都不可避免地要承担一定的损失或风险，这使得决策变得异常艰难。

比如，在追求事业发展的同时如何兼顾家庭的温馨与和谐或者在道德准则与切身利益之间如何找到那个微妙的平衡点，这些都是典型的两难问题。而创新，正是在这种复杂的背景下应运而生。它不以新旧为标准，而是以问题解决的效果为导向。通过创新，在家庭中，我们可以找到既能满足事业发展需求，又能维护家庭和睦的方法；又或者，在职场中，在道德与利益的交织中，可以发现既能坚守道德底线，又能实现利益最大化的途径。

创新可以通过内森·罗森伯格（Nathan Rosenberg）等人于 1986 年首次提出的创新模型来训练和演习。以方案制订工作为例，基于其模型可以修订为如下的创新链（MRCCS）：

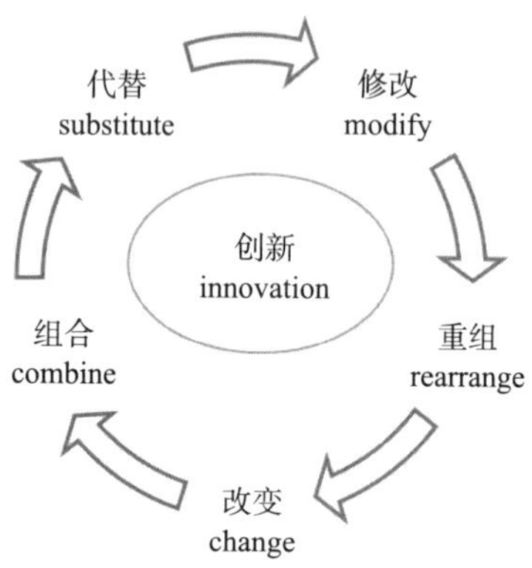

图 4-1　创新链

“M”（修改，Modification）：审视方案的每一个元素，思考是否可以通过调整、优化或改进某个元素，使其更加适合当前的需求和背景。这种微调不仅提升了方案适应性，还有助于发现潜在的改进空间。

“R”（重组，Reorganization）：重组涉及对现有方案的流程、结构或顺序进行重新设计。通过打破原有的框架，探索出更加高效、合理的新流程，从而实现资源的优化配置和效率的最大化。

“C”（改变，Change）：思考现有方案是否可以融入新的功能、特性或元素，从而扩展其应用范围或提升其价值。这种改变不仅增强了方案的多样性和灵活性，还有可能创造出全新的机会。

“C”（组合，Combination）：它鼓励我们在现有方案的基础上，组合其他方案、技术或资源，以期达到更好效果。通过跨界整合和协同创新，可以实现方案之间的优势互补，进而提升整体竞争力。

“S”（代替，Substitution）：探索是否存在可以替代现有方案的其他方案。这种替代不仅有助于规避潜在的风险和限制，还有可能引领我们走向全新的发展道路。

创新链通过修改、重组、改变、组合和代替这五个维度，提供了一个系统的创新框架。创新链的真正作用在于打破固有的思维壁垒，引领我们以全新的视角审视和剖析问题；同时，将各种看似不相关的概念随机组合，从而发掘出新领域和解决问题的新方法。

创新链的应用已经变得无处不在。例如，银行与网络的巧妙结合，催生了便捷高效的网络银行，让金融服务触手可及；网吧与咖啡厅的完美融合，形成了独具特色的网咖，为都市年轻人提供了一个休闲与娱乐的新去处。而将分散的银行柜台工作人员集中到远程客服中心，这一创新举措不仅提高了服务效率，更有效地降低了人员成本，实现了资源的优化配置。

实际上，创新链的应用场景远不止于此。在我们的日常生活中，它同样可以发挥出无穷的魔力：

破解婆媳冲突也需要创新

家庭，这一基于深厚情感与血缘联系的生产合作社，本质上也是一个组织严密、分工明确的微型社会。与组织类似，家庭事务的处理同样需要明确的分工、持续的创新以及对组织原理的遵循。婆媳关系，作为家庭内部一种特殊而又微妙的关系，往往成为检验家庭和谐与否的试金石。

婆媳间的冲突，通常源于多重因素。首当其冲的便是价值观与观念的深刻差异。婆婆与儿媳，由于成长背景、生活经历的不同，往往在育儿方式、家庭观念乃至生活习惯上持有不同的见解。这种差异若不能得到妥善处理，便可能演化为冲突。其次，家庭角色与责任的模糊分配也是导致婆媳矛盾的重要原因。在传统与现代交织的家庭结构中，婆婆与儿媳往往对各自的角色与责任有着不同的期待和理解，这种期待与理解的错位容易引发摩擦。最后，沟通不畅更是加剧了婆媳间的隔阂。缺乏有效的沟通渠道和沟通技巧，使得双方难以真正理解对方的立场和感受，从而加剧了冲突的可能性。

然而，婆媳关系并非注定充满冲突。有两种可能的情况能使婆媳间保持和谐。一种情况是她们彼此互相喜爱，犹如一家人，没有明显分歧。所以很多人建议，媳妇应该像对待自己的母亲一样对待婆婆，而婆婆则应该像对待自己的女儿一样对待媳妇，因为我们是一家人，所以分歧自然就会减少。但还有另一种可能性，如果婆媳之间没有太多的直接利益关联，那么冲突发生的可能性就会大大降低。

对一般家庭而言，婆媳之间的利益关联主要体现在对孩子的抚养和教育上。这种利益交叉可能导致双方在育儿理念和方法上产生分歧，进而引发冲突。为了避免这种情况，可以尝试将孩子的权利进行明确划分。比如，如果我们都很忙，则可以将孩子的权利分为日常生活的生活权和个人成长的发展权。生活权包括孩子的日常饮食、起居、健康等方面的照顾，这部分权利可交给经验丰富的婆婆来负责。而发展权则涉及孩子的教育、兴趣培养等方面，这部分权利可由儿媳妇来主导。双方各司其职，避免干扰，通过这种方式，婆媳之间可能无法达到亲密无间的家庭关系，但至少可以避免不必要的冲突，也更有利长期相处。

创新，让我们在两难处境中还能找到第三条道路！

源思维建构大能力：人生支持力和人生纠偏力

人生的诸多事件，宛如一幅错综复杂的画卷，各个部分相互交织、相互影响。然而，我们的目光往往只被那些显而易见的结果所吸引，从而忽略了这背后的联系。以成功与失败为例，它们并非孤立存在，而是众多要素经过无数次的碰撞、融合后所呈现出的最终形态。在我看来，这些要素的组合与运作，可以归结为两种至关重要 的大能力，它们共同构建了复杂的成长系统，也孕育了人生动能。

第一种我称之为“人生支持力”，它如同温暖的阳光，从正面照亮我们的人生道路，推动我们不断前行。**而第二种能力，我称之为“人生纠偏力”**，它则如同一位严格的导师，时刻站在我们的身后，用批判和反思的眼光审视我们的每一个脚步。这两种力量，相互补充，共同维持着人生的平衡与稳定。它们的协调与配合，使得我们能够在波折中保持坚韧，在变化中保持前行。

进一步来说，“支持力”和“纠偏力”这两种大能力，其实是个体实现特定目标所必备的综合素质的体现。与能力相比，**大能力更加关注个体的全面发展和长远潜力**。它由外在显现的技能和内在深邃的认知共同构成，其中认知的深度往往决定了个体技能的高度。而技能的获得，虽然直接来源于经验的积累，但归根结底还是受到内在认知的深刻影响。因此，可以说，大能力是深度思考与丰富经验相结合的产物，它们共同塑造了我们独特而多彩的人生。

源思维如同心灵的熔炉，它不断地锤炼和塑造内在的力量，进而决定着我们是否拥有人生支持力和人生纠偏力这两大关键大能力。

人生支持力，宛如一双有力的翅膀，支撑着我们自由而优雅地翱翔在天空。**支持力包括理想力、规划力、猎知力、专业力这四种大能力**。其中：理想力是追求卓越的原动力，它让我们心怀梦想，一往无前；规划力是实现目标的蓝图，它让我们有条不紊地迈向成功；猎知力是不断探索和学习的渴望，它让我们保持敏锐的洞察力，紧跟时代步伐；而专业力则是在特定领域内深耕细作的能力，它让我们在激烈竞争中能够不被淘汰。

而人生纠偏力，则如同一套精密导航系统，帮助我们在遭遇风雨和迷雾时，依然能够坚韧而舒展地绽放生命华彩。**纠偏力包括决策力、靶向力、沟通力、调适力这四种大能力**。其中：决策力是在关键时刻做出明智选择的智慧，它让我们在纷繁复杂的选项中找到最佳路径；靶向力是聚焦核心、直击要害的精准度，它让我们在解决问题时事半功倍；沟通力是与他人协作和交流的桥梁，它让我们在团队中建立互信、化解矛盾；调适力则是在面对变化和挑战时的应变能力，它让我们在逆境中保持冷静、灵活调整策略。

这两大部分，包括每一种能力的基本定义、关键变量和关键切口，是我接下来要阐述的重点，也是本书下篇的核心内容。

图 4-2　本书核心内容

	维度	基本定义	关键变量	关键切口
人生支持力	理想力	通过职业承担社会角色的能力	生涯管理	故事清单
	规划力	为理想设置不同阶段目标的能力	时间管理	愿望清单
	猎知力	基于问题导向的知识系统化能力	知识管理	疑问清单
	专业力	在特定领域中具有竞争性的能力	技能管理	赞誉清单
人生纠偏力	决策力	从两难处境中做选择的能力	战略管理	实习清单
	靶向力	基于目标持续投入注意力的能力	成就管理	痛点清单
	沟通力	还原对方情境的能力	冲突管理	误解清单
	调适力	在困境中重构心灵秩序的能力	情绪管理	放弃清单

下篇 运用源思维

穿透表面现象，直击问题本质；从不同的角度审视问题，获得更全面的认知；激发创造力，为解决问题提供更多的可能性。

第五章

深入：
人生支持力的
四个构成要素

理想力：明确自己的社会角色

1. 通过职业承担社会角色的能力

本书所有的前提是：人的一生，总要有一个理想。到底什么是理想呢？我们在小学的时候都写过这样的作文：我的理想。大多数人的答案往往是：老师、医生、警察、厨师，等等。但其实，这些都不是理想。

理想，不是成为谁，而是为什么而成为谁。这里的"谁"，通常是一个职业（也就是一种行动）；这里的"为什么"，是一种社会角色，也可以说是一种社会职责。理想，是通过职业承担特定社会角色。也就是说，理想涉及人生的两个维度定位："我做什么"和"我能承担什么"。我们经常描述的理想，只是第一个维度，是实现理想的一种载体；而第二个维度，才是理想，也可以称之为志向。**理想力，是通过职业承担社会角色的能力。**

“我是谁”，面对镜子苦思冥想无法找到答案，它需要我们在社会系统中寻找定位。在这个系统中，我们扮演着各种角色，承担着各种责任，这些角色和责任构成了我们的社会身份，也定义了我们是谁。因此，“我是谁”，实际上是一个关于我们在社会系统中的角色和责任的系统性问题。比如，孔子的理想是实现“仁”的社会，他认为“仁”是人际关系的最高准则，包括关爱他人、尊重他人、公正无私；马丁·路德·金（Martin Luther King，Jr.）的理想是实现种族平等，结束种族歧视；释迦牟尼的理想是消除人类的苦难，实现涅槃的境界，等等。在哲学语境中，理想可以被视为一种形而上的存在，它是我们个体与世界互动的起点，也是我们理解自我和世界的关键。

我们的社会角色，源自特定社会问题的解决。人类社会有很多问题，贫困、污染、生命的持续性等，这些都需要去解决。解决社会问题，是我们思考理想的起点。**树立理想，必须在社会系统中确认自己的社会角色。**比如我自己认为作为教师的角色，是用知识创造改变；医生的角色，应该是用最佳的方式来拯救生命；而商人的角色，是用最小的成本创造利润……

社会是一个复杂而庞大的系统，这个系统需要遵循能量守恒的原则。在这个系统中，每个人所享有的权利和需要承担的责任应该是平衡的。良好的社会秩序对每一个人都至关重要，只有每个人都能够达到这种平衡，才能实现这种良好的秩序，这是作为社会人的基本准则。明确自己的权利和责任的边界，是树立理想的基础。

树立理想，需要深入思考，不仅仅是思考自己的职业（身份），更要思考自己在社会系统中的角色和位置。我们生活在一个复杂的社会中，每个人都扮演着不同的角色，这些角色决定了我们的行为和责任。我们以这样的理想，来达成自我成就感，并变成一个更完整、更丰富的人。

2. 实现理想的工具不等于理想

瑞·达利欧（Ray Dalio）在《原则》中指出：很多人把成功和成功的装饰弄混了。他指出，成功并不仅仅是完成了一个目标，更重要的是实现了理想。成功的装饰可能只是短暂的成就，而成功则是为了实现理想而不懈努力的过程。我们看到有人挣钱了很心动，但挣钱只是实现理想的工具。挣了钱，又是为了什么呢？这才涉及理想和志向。

理想，是我们在社会系统中的角色和定位，是人生的指南针。如果没有清楚地理解这个问题，那么即使实现了许多目标，理想内核仍然是空虚的。在我小学的时候，我认为自己的理想是成为一名教师；然而，多年以后当我真的成了一名教师，反而有一段时间感到迷茫。如果这就是实现我的理想，那么它是否过于容易实现了？我接下来的动力又在哪里呢？

这个问题让我反思，也开始意识到，理想不仅仅是一个目标，更应该是一种执着追求。

我的理想是用知识创造改变

自从我进入小学，一颗想成为教师的种子就在心中悄然生根。这个愿望的萌生，与两段刻骨铭心的经历紧密相连。

第一段经历，是我因贪玩而迟到，被班主任罚站在教室外的一节课。那一刻，我孤零零地站在走廊上，听着教室内传来的讲课声和同学们的应答声，内心五味杂陈。在这漫长的一节课里，脑海中也涌现出许多问题：为什么班主任拥有如此大的权力，可以轻易地让我罚站？罚站，真的是解决问题的最佳方式吗？如果换作是我站在班主任的位置，我是否会采取不同的做法？这些思考，仿佛在我心上刻下了深深的烙印，也让我对教育的理解开始萌芽：我渴望成为一位与众不同的班主任。

另一段经历，则发生在我逃课与小伙伴玩耍时。那天，我们玩得正欢，突然，语文老师走了过来，他对着我大声地斥责："你再这样荒废下去，将来会有什么样的出息？！"这句话，如同一记重锤击中我的心头。我记得自己当时的第一反应是羞愧和恐慌，我立刻跑回家中，并给自己定下了一个严格的规定：每天晚上必须学习到九点才能睡觉。

那时我们的作业并不多，但为了能够坚持到晚上九点，我开始寻找各种书来阅读。从连环画到各种能找到的读物，我都如饥似渴地阅读着。这些书为我打开了一个全新的世界，让我的思维方式发生了重大的转变。我开始明白，知识有着无穷的力量，它可以改变一个人的命运，也可以影响另一个人的生命。这种体悟，让我的教师梦变得更加坚定：我渴望成为能够用知识创造改变的教师，点燃学生内心火焰的导引者。

是的，**“用知识创造改变”，这不仅仅是一句口号，更是我内心深处最真挚的信念。**我深知，教育的力量是无穷的，它可以点亮一个人的未来，也可以为整个社会带来深远的影响。

理想原本就是内生性的力量，不关乎外部。因此，**理想不存在所谓的放弃，我们有时需要放弃的是为了实现理想而设置的具体目标。**

我的一个学生，小时候跟着爷爷奶奶长大，有着不寻常的童年经历。他在成为我的硕士之后，以优异的表现直升博士，并已经成为一名优秀的高校教师和研究者。在即将开始他的职业生涯之前，他给我写了一封长信，分享了他的故事以及他对未来的期待。

如何学会自我定义世界

亲爱的老师：

几年前我就在想，到底如何才能完整地向您表达一次我心底的感激，最后我发现，这份感激不是“如何”就可以答复的。就像我不如如何感激母亲一样，这是赋予和守护我生命的恩情。

曾经，我一度认为我的生命历程是痛苦的。如果存在上帝的话，他一定是一个昏聩的糟老头子，完全没有公正可言。

在我两岁的时候，父亲在自家的鞭炮作坊中遭受意外。那是我唯一不想再回头的岁月，生活中充斥着争吵、自私、欺骗和动荡。因为这个原因。我生命中的大部分精力都用于适应。我努力去适应、融入或者跟上一种环境或者状态，以实现生存和对自己的保护。我生命中的一切都是关于生存和自我保护，而不是主动去建构和思考。动荡的好处在于我有更多的机会了解更多的世界和更多的人。小时候的我卖过快餐、水果、皮鞋、在超市当过拣货员，还接触过好多行业。现在想起来，大千世界真是丰富多彩。这些经历让我更能体会命运的无常、人类的脆弱和坚韧。

这就是我十八岁时的状态。现在回想起来。那时的我认为生命的历程就是面对和承受，就是领悟和修行。

康德老爷子说，任何一个人要从几乎已经成为自己天性的那种不成熟状态之中奋斗出来，都是很艰难的。在我十八岁的时候，高考的不如意让我到了荒凉西北。在那里，孤寂的荒原少有人家，没有绚烂的城市生活，只有漫天的繁星和呼啸的西风。围绕自己、过去以及这个世界所发生的对话、反思和想象替代了如何在纷繁多彩的城市生活寻求最优的获取，那是一段自我的启蒙时光。但人生就是这样一件很神奇的事情。我至今认为，幸亏我没有在那个人生阶段考到北上广读大学，这对没有成熟世界观和自我反思能力的自己真是一件幸运的事情。

在我二十二岁的时候，我带着西北的荒凉来到您的身边。那时的我，在西北看了四年的星空，逐渐学会了对世界和人心的惊讶和敬畏。但是此时，我还不知道如何理解二十二岁之前的人生，更不知从哪里踏出人生的道路。读研，与其说是对研究本身的热爱，不如说是应对自己在解答人生和世界时的困惑焦虑。

在这六年的时间里，逻辑、边界、想象力、控制感、表现力，反思力，一个个关键词就像老师教育我为学做人的一个个脚步。它们不仅重塑了个体思维，让我学会定义世界，学会控制自己的观点和行为，在想象领悟和理性分析之间寻求平衡，在纷繁复杂的现实世界中找到出路。我逐渐明白、生命的基础应该在于发现和分析，在于能够容纳世事又直抵内心的自我反思能力，在此之上的领悟和修行才是真切。

现今，在我二十八岁的时候，我想上帝是眷顾我的。他总会在我挣扎的力气快要耗尽的时候派天使到我身边，让我有机会开始人生新的阶段，这是美妙的人生。今天，我一个人坐在珠江边，看着江水东去，云卷云舒。我想起了西北湛蓝的天空和奔腾的黄河。当时我感受到了来自自己内心深处的微笑。因为我发现，这六年的时光里老师不仅让我坚持了二十二岁时的惊讶和敬畏，还让我学会了脚踏实地、一步一个脚印地追寻人生。

当我细细品味这封长信，品味其中蕴含的思考和情感，愈发深刻地意识到，我的理想就是“通过创造知识而创造改变”。其中，创造知识是我的行动，而创造改变是我自认为的社会角色或者社会职责。

这种动力，也支持了这本书的写作：用知识创造改变，用思考点亮心灯，并因此而有更多一起深度思考、认真讨论的共鸣者。

3. 理想源自初心

理想，往往源自初心。

从哲学或心理学角度来看，**初心可被定义为最直接的行为动机。**它代表着个体最真实、最纯粹的渴望和意愿，是个体内在的驱动力。初心通常与价值观、理想和意义紧密相连，它是我们追求自我实现和满足的起点。《论语》中有言："君子务本，本立而道生。"这里的"本"，指的就是初心。又如，《道德经》中有言："道生一,一生二,二生三,三生万物。"这里的"道"，也可以理解为初心。

从日常生活感知来说，**初心，是不假思索的需要和无条件的喜欢。**它无关乎外部压力或期望，而是一种自然而然、发自内心的驱动力。当我们面对自己真正热爱的事物，如篮球、跑步、摄影、音乐、手作等，愿意付出努力，即使面临困难，也能从中发现喜悦。这种对事物的热爱和执着，就是每个人独有的初心。当然，很多时候，我们往往容易迷失初心。各种外界压力和诱惑可能导致我们偏离自己原本的道路，忘记自己真正的渴望和喜悦。初心并不是一成不变的，它会随着我们的成长和经历而发生变化。但无论任何时候，那些能让我们真正渴望和喜悦的事都是初心。

电影《无问西东》中有一个情节让人印象深刻：

听从你心，无问西东

清华学子吴岭澜国文成绩满分，物理却不及格。梅贻琦教授问他为何要选择实科而不选择文科时，吴岭澜却不知道自己为什么要学习。

梅贻琦问他，求学的目的是什么？吴岭澜在这以前还真没有思考过。不过是随大流，社会环境认同实科，自己便做此选择。不管学什么，只要在学习，把自己交给书本，心里就是踏实的。

梅贻琦问他，什么是真实？吴岭澜不解。梅贻琦说，人把自己置身于忙碌当中，有一种麻木的踏实，但丧失了真实，你的青春也不过只有这些日子。

什么是真实？你看到什么，听到什么，做了什么，和谁在一起时，有一种从心灵深处满溢出来的不懊悔也不羞耻的平和与喜悦。

若干年后，吴岭澜对他的学生说：当我在你们这个年纪，有段时间，远离人群，独自思索我的人生到底应该怎样度过。某日，我偶然去图书馆，听到泰戈尔的演讲，而陪同在泰戈尔身边的人，是当时最出名的学者。那些人站在那里，自信而笃定，那种从容让我十分羡慕，而泰戈尔正在讲对自己真实有多么重要，那一刻，我从思索生命意义的羞耻感中释放出来，原来这些卓越的人物也会花时间思考这些，他们也觉得这些是重要的。

“爱你所爱，行你所行，听从你心，无问西东。”这里的“听从你心”，说的就是初心。**初心，如同一颗种子，虽然最初看似微不足道，却蕴含着生命力和可能性。**

在初心驱动下做事情成本更低。如果不需要其他因素的推动，我们就会全力以赴地去完成这件事，那么做成这件事的概率会大很多，因为这种动力完全来自我们的自身小宇宙，源于我们对于所爱之事的执着追求，源于我们对于自我价值的深刻认知，源于我们对于生活意义的独特理解。

4. 越早确认自己的社会角色越好

如果理想指向的是一种社会角色，那这种角色的确认也就是人生定位。“早知三日富贵十年”，如果在少年时期就想明白了社会角色，那无疑距离目的地会比一般人更近，也更容易获得成功。因为我们非常清楚自己未来要去向哪里，成为什么样的人，过什么样的生活，自然就知道该做什么。

> 一个学生说她最痛苦的时刻，是有一天必须告诉父母：我不喜欢我的专业，我读不下去了。
>
> 他们反问，那你喜欢什么？
>
> 此刻她竟然什么也答不出来。这种茫然令人近乎绝望。
>
> 而这个时候，她已经年近三十。

确实，知道自己想要什么，是优秀者和普通人的最大区别。知道自己想要什么就好比开始一次旅行出发前就定下目的地，这是战略问题，实现的过程是战术问题。有了目的地不管是坐飞机、开车或是走路，最终总能抵达；没有这个目标，学什么技术、乘坐什么交通工具都是徒劳，因为很可能我们一直在原地。这一点，类似史蒂芬·柯维（Stephen Richards Covey）在《高效能人士的七个习惯》中所倡导的“以终为始”原则，强调在人生旅途的起点便确立明确的目的地。这不仅是一种战略上的抉择，更是对个人内在价值观和愿景的深刻洞察。

当然，探寻内心深处的渴望并非易事，尤其在金钱这一普遍且基本的目标笼罩之下。在最初选择人生道路的时候，没有谁一开始了解自己的本性，了解周边环境，并预见环境的变化。很多时候，我们难以言明自己究竟喜欢做什么事，对于内心的真实声音感到迷茫。我们时常听到这样的话："如果你不去学习那些热门专业，不投身于那些被社会热捧的职业，那么你就会被视为不入流，而且会因此错失无数的机会。"这种言论，仿佛一条无形的锁链，束缚着我们的思维和行动。还有一些人，他们在网络上往往将专业选择描绘成非黑即白的绝对判断，仿佛选错了专业就等于走向失败。在这种强大的社会舆论和所谓专家指导下，我们开始逃避真正的自我，害怕与众不同，害怕被社会所排斥。于是，你选择追求社会的认同，寻求看似安全其实脆弱的保障。但在这个过程中，你与内心的自我联系逐渐断裂。而在一次又一次随波逐流的选择中，原本清晰的自我形象开始变得模糊。

在人生的起点，当我们首次面临选择道路的重任时，鲜有人能够透彻地洞悉自己的内在本性、全面把握周遭环境，并准确地预见未来的变迁。这并非智力不足的体现，而是一种常态。**对于大多数人来，一开始不了解自己的本性并不意味着我们缺乏智慧或能力，这恰恰是一种成长的机会。**因为只有在实践中不断摸索、试错，才能发现自己的兴趣所在和潜在能力。这个过程，犹如一场心灵的登山之旅。起初，站在山脚下，眼前是一片茫茫雾海，不知道前方的路途会通向何方。但随着我们一步步地往上攀登，那些原本隐匿在云雾中的风景和机会逐渐显露出来，视野也随之变得越发开阔。

如果我们真的感到迷茫，不知道自己喜欢什么，那么采用排除法或许是一种相对容易的策略。通过排除那些明显不符合自己价值观、兴趣和能力的选项，或许是一成不变的生活，或许是碌碌无为的平庸，或许是周围环境的束缚和压抑。一旦明白了这些，我们就会毅然决然地付诸行动，离开那个不再适合自己的环境。一旦离开，就可能有机会。我们真正想要的东西会慢慢地浮现出来。它们可能是一个新的梦想，一段新的旅程，或者是一种全新的生活方式。无论是什么，它们都会让我们感到内心的激动和满足。

5. 热爱是人生转折的力量

当我们回顾那些改变了人生轨迹的重要瞬间，可能会发现：那些关键时刻所做出的重大决定，往往并不完全基于冷静的理性分析，而可能是源自感性的回归。这种回归并非对理性的背弃，而是一种对内心深处真实情感和渴望的响应。感性，在这种情境下以一种独特的方式运作。它绕过了利弊的权衡过程，直接触及我们内心深处的渴望和恐惧。这种直达心灵深处的力量，使得感性在关键时刻成为一种强大的驱动力。它推动我们去做出那些可能改变一生的重大决定。这种感性到极致，我们也可以称之为热爱。

“热爱”这一词汇所蕴含的意涵远超过其表面所显现的。它代表了一种不掺杂任何杂质或杂念、保持绝对纯净的状态。在这种状态下，个体的情感、思想和动机都达到了一种极致的纯粹。当我们提及“热爱”时，我们所指的并非一时兴起的冲动或浅尝辄止的喜好。相反，它是一种全身心投入的执着和追求。这种热爱源于内心深处，它激发了个体无限的潜能和动力，推动着我们勇往直前，不畏艰难险阻。

苹果公司创始人史蒂夫·乔布斯（Steve Jobs）的一生充满了起伏，而他的许多重要决策都彰显了感性回归的力量。在早期，乔布斯对字体设计的热爱引领他参与了 Macintosh 电脑的开发，这一决策在当时并不被看作是商业上的明智之举。然而，正是这份对美的热爱和执着追求，使得 Macintosh 成为设计界和消费者心中的经典之作，也为苹果公司奠定了坚实的基础。

热爱作为一种深层的情感驱动力，具有显著的治愈效应，尤其在我们面对内心恐惧时。这种恐惧可能源自生活的不确定性、个人价值的质疑或对未知的担忧。然而，**热爱的力量在于它能够穿透这些恐惧的层层迷雾，为我们提供前行的勇气和动力。**热爱的具体形式多种多样，可以是职业追求、艺术创作、体育运动或任何个人深感兴趣的领域。但关键在于，无论其外在形式如何，热爱都是我们内心的积极情感投射。当我们全身心投入其中，与其建立深厚的情感联系时，便能从中感受到深刻的幸福和满足。这种幸福感并不完全取决于外部成就或结果，而是源于热爱本身所带来的内心丰盈。

6. 理想也可以源自兴趣的培养

有的人说，我就没有初心，也感觉不到初心，所以没有理想。

倘若真如此，那理想也可以来自兴趣，而兴趣可以培养。

兴趣这一心理现象，可被理解为我们内心倾向于主动从事某项活动的偏好或热情。在每个人的生命历程中，都不可避免地会经历各种各样的事情，这些事件无论大小，都在我们心中留下了独特的印记。当我们投身于这些事情时，不同的感觉和情感会自然而然地涌现，它们像镜子一样反映出我们内心的动机和信念。这些感觉和情感，虽然常常在不知不觉中流露出来，却是我们内心世界的真实写照。它们背后隐藏着我们“为什么”要去做某件事情或者某一类事情的深层原因。

因此，我们也认识到，“为什么”这一内在驱动力并非我们刻意追求或后天获得的，而是早已根植于我们的存在之中。**它深植于个体的生命历程，是我们从小到大所经历的一切的总和与凝练。**换言之，它源自我们的成长故事，是独特人生经验的产物。我们的每一次经历，无论是喜悦还是挫折，都在无形中塑造着我们的“为什么”。这些经历不仅影响了我们的认知和行为，更在深层次上构建了我们的价值观、信念和动机。它们是我们理解世界、解释行为、追求目标的重要参考，也是我们赋予生活意义和目的的关键。

在这个意义上，“为什么”不仅是我们行为的驱动力，更是我们自我认同的重要组成部分。它反映了我们对自己、对他人、对世界的理解和态度，也揭示了我们内心深处的渴望和追求。因此，理解和探索自己的“为什么”，对于我们认识自我、理解他人、把握生活具有重要意义。

我们一定有自己喜欢的事物和事情，所以兴趣是有方法培养的。培养兴趣，首先需要打破生活的常规和惯性，勇于尝试新的场景和体验。很多时候，我们之所以无法发现自己的兴趣所在，是因为局限于熟悉的环境和日常的活动，缺乏对新事物的好奇和探索。然而，如果跨出舒适区，接触到更多元化的场景和体验时，就有可能触发出潜在的兴趣点。例如，打一场球可以让我们体验到运动的乐趣和挑战；野营一次可以让我们亲近自然，感受大自然的魅力和神秘；听一场演唱会则可以让我们沉浸在音乐的海洋中，感受艺术的魅力和力量。这些多样化的场景和体验都有可能成为兴趣的起点，打开全新生活之门。

确定某一活动或事物是否为个人的兴趣，其标准在于我们是否愿意为之投入时间与精力。尽管大多数人都认为自己拥有某些特长或爱好，但真正愿意为这些看似“功利性”不强的事物投入时间和精力的人却并不多见。这种投入不仅需要热情与毅力，更需要一种对生活的热爱和对个人成长的追求。因此，当我们在简历中列出自己的特长与爱好时，不妨深入思考一下：是否真正为之付出了努力？是否能够用具体的事例来证明自己的投入与热情？这样的反思不仅有助于更好展示自己，也能促使我们更认真地对待生活中的每个爱好与追求。

比如，在求职（或求学）过程中，简历中的“特长”与“爱好”部分往往受到特别关注。面试官在审阅这一部分时，并非出于对个人私生活的窥探，而是试图从中洞察应聘者对其所声称爱好的投入程度。以跑步为例，单纯地列出“跑步”作为爱好并不足以证明应聘者的投入与热情。相反，如果应聘者能够具体说明其参与过的马拉松比赛或定期的训练计划，如“跑步（参加 ××× 马拉松）”，这样的表述便能更好地展示其对该爱好的执着与投入。同样地，对于喜欢写作的人来说，仅仅声称“喜欢写作”是远远不够的。他们需要通过具体的成果来展示自己的才能和付出，比如在某个平台上发布的作品及其获得的数据。

当我们拥有一个比较稳定的工作，那么也需要考虑培养一个业余发展的爱好，而且最好是可以发展成未来有可能的事业。在本质上，这也是人生的“plan B”。**通过将自己的兴趣爱好或小长处转化为赚取额外收入的方式，个体所能体验到的幸福感、存在感和获得感往往远超过单纯的升职加薪。**这是因为，这种转化不仅体现了个人价值的多元化实现，还使得生活更加丰富多彩和有趣。

将兴趣变成特长也是竞争力

一位朋友对配音艺术和汉服文化情有独钟。在开始他的职业生涯之初，由于工作带来的巨大压力，他急需一种有效的方式来释放和缓解。于是，在业余时间，他选择了深入学习和模仿配音，这不仅能帮助他解压，还逐渐培养起他在这一领域的才华。

随着时间的推移，他幸运地遇到了一群同样热爱配音并在业余时间投入其中的小伙伴。他们一起交流心得，分享经验，相互鼓励，形成了一个充满活力和创造力的配音小圈子。这样的环境极大地激发了他的热情，也提升了他的配音技能。随着B站等视频平台的兴起和流行，他看到了新的机会。他开始尝试在这些平台上上传自己的配音作品，展示自己的才华。很快，他的作品受到了观众的喜爱和认可，他也因此接到了一些付费的配音兼职工作。这些机会不仅让他在经济上获得了一定的回报，更重要的是，这也肯定了他的才华和努力，让他对自己的配音之路充满了信心和期待。

如今，他已经在这个圈子里小有名气。在过去的几年里，他巧妙地将自己的配音才华和对汉服文化的热爱结合在一起，推出了两张原创古风歌曲专辑。这些专辑不仅展示了他独特的艺术风格，也赢得了众多人的喜爱和支持。

常识，是我们理解世界的基础；逻辑，是我们分析问题、做出决策的工具；而兴趣，则是我们追求美好生活、实现自我价值的动力。当生活变得艰难时，这些兴趣不仅不是负担，反而可能成为我们支撑希望的宝贵财富。

7. 理想力的关键变量：生涯管理

理想力的核心在于生涯管理。人生，如同一场精心策划的旅程，需要明确的导航和持续的管理以确保到达目的地。

有效的生涯管理应该具备以下几个要素：首先，它需要一个明确的目标和愿景，即希望自己未来能够成为什么样的人、从事什么样的工作；其次，它需要一个详细的时间表，列出在不同阶段需要完成的任务和达成的目标；最后，它还需要一个切实可行的行动计划，包括为了达成目标需要付出的努力、需要获取的技能和经验等。在明确了目标和方向之后，还需要学会如何将自己的兴趣和理想与现实条件相结合。例如，如果你梦想成为一名大学老师，那么就需要了解近年来顶尖高校对教师的资质要求和准入门槛。通过收集和分析这些信息，可以更加清晰地了解自己需要具备哪些条件和能力才能实现这一目标。同时，还可以借助内部人的视角，了解高校招聘过程中的弹性规则和潜在要求，从而为自己制定更加符合实际的职业规划。

以小天的生涯管理为例，涉及如下要素：

1. 自我认知（高中阶段）

小天上了高中，开始对自己的未来职业方向感到好奇。为了更好地了解自己，他采取了以下措施：

- **兴趣探索**：积极参与学校的各类社团和活动，如科学实验室、文学社、艺术团等，从而发现自己真正感兴趣的领域。
- **性格与能力评估**：通过参与学校的心理测评和与职业规划师的交流，小天了解到自己是一个细心、有耐心且善于沟通的人，这些特点使他适合从事需要细致工作和与人交流的职业。
- **价值观澄清**：在家长和老师引导下，小天思考了自己对于工作、生活等方面的价值观，明确了自己通过创新帮助他人的价值取向。

2. 生涯规划与目标设定（高中阶段）

基于自我认知，小天开始规划生涯，并设定了具体目标：

- **长期目标**：他希望未来能够从事与科技创新和教育相关的职业。
- **短期目标**：在高中阶段，计划通过努力学习，提升自己的科学和文化素养，同时参加相关的竞赛和实践活动，为未来职业发展打下基础。

为了实现这些目标，他还制定了详细的学习计划和时间管理策略。

3. 职业管理（大学阶段及以后）

进入大学后，继续进行职业管理：

- **专业选择**：根据自己在高中阶段的探索和目标设定，选择了与科技创新和教育相关的专业进行深入学习。

- **实践经验积累：**他积极参加校内的科研项目、教育实习等活动，以提升自己的实践能力和经验。同时，他还利用假期时间参加了相关的行业实习和志愿者活动，进一步了解职业环境和社会需求。
- **人脉网络拓展：**意识到人脉对于职业发展的重要性，因此积极参加各类社交活动和行业聚会，与校友、业内人士建立了广泛的联系。

4. 反馈与调整（持续进行）

在整个过程中，小天不断收集反馈并进行调整：

- **定期回顾：**他定期回顾自己的学习和实践经历，总结收获和不足，并根据实际情况调整自己的目标和行动计划。
- **寻求指导：**在遇到困惑和问题时，小天会主动寻求家长、老师、职业规划师等人的指导和建议，以便更好地调整自己的方向和策略。

8. 理想力的关键切口：故事清单

怎么样才能找到理想呢?

理想的核心要素就存在于我们以往故事和经历当中，它表现出来的是一种感觉或者情感。所以，要找到自己的理想，就需要回忆以往的一些故事，找出那些故事发生的时候我们的感觉或者情感，并详细描述出来。

第一步：收集重点故事

在追溯过往的足迹时，我们如同考古学家挖掘着被岁月遮盖的记忆。首先，挑选出至少五个对你影响深远的故事，它们或许是一次突如其来的挑战，一次意义非凡的旅行，或者是一次改变人生轨迹的邂逅。无论大小，每个故事都应该在你的心灵深处留下难以磨灭的印记。

接下来，给每个故事设定一个明确的时间、地点和情境。这些要素就像是一把钥匙，能够打开记忆的大门，让我们重新置身于那些或喜或悲、或激昂或平静的瞬间。例如，可以这样记录："五年前的夏天，我站在校园操场上，看着夕阳渐渐染红了整个天空，那一刻，我感受到了前所未有的自由与浪漫。"当然，这份清单不需要过于详尽，简单的一两句话就足够了。它的主要作用是作为一个提纲，提醒我们在分享故事的时候应该从哪里开始，如何展开。这样，在实际讲述的时候，我们就可以根据这个框架，灵活地添加各种细节，让故事变得更加丰满和生动。而且，不要害怕在讲述过程中涌现出的额外回忆。它们就像是意外的宝藏，让我们的故事变得更加丰富多彩。

第二步：寻找合适搭档

寻找一个合适的搭档至关重要。这位搭档将扮演着倾听者、阅读者和记录者的角色，他们用心聆听故事，帮助我们深入挖掘其中的情感与意义，并记录下那些触动的瞬间。然而，寻找搭档并不意味着必须求助于专业的心理咨询师或辅导员。关键在于找到真心愿意陪伴、支持我们寻找内心真实声音的人。此外，与搭档的熟悉程度并不是决定因素。重要的是，在他们面前，我们能够敞开心扉，分享自己的经历和感受。

但需要特别注意的是，搭档应保持中立和客观的态度。因此，不建议选择那些对我们了如指掌的人作为搭档。他们可能对我们的故事过于熟悉，以至于在分享过程中不自觉地打断或纠正我们，从而干扰我们真实的情感流露。理想的搭档应该是一位积极的聆听者，对我们的故事保持新鲜感和好奇心。在分享过程中，他们能够提出有洞察力的问题，鼓励我们深入挖掘自己的感受，并准确地将它们记录下来。这样的搭档不仅能够帮助我们更好地理解自己，还能为我们的探索之旅增添更多的色彩和深度。

第三步：分享高峰体验

在进行这次深度自我梳理的时候，需要做好充足的时间准备。因为要深入挖掘内心深处的感觉和情感，所以分享的内容越详细，对我们自身的理解和洞见就会越深刻。这个过程可能会比较漫长，因此请至少预留两个小时来专注于此。这个环节与乔布斯所倡导的“connecting the dots”理念不谋而合，都是通过回顾过去，寻找生活中的联系与脉络。在这个过程中，我们将回溯自己的高光时刻，重温那些让我们感到开心、狂喜、投入、幸福的瞬间。同时，还可以回顾曾经的规划和理想，将它们一一记录下来。当我们将这些重要的节点连成一条线时，就会惊喜地发现，我们一直在追寻的事物逐渐浮现出轮廓。

在探索的旅途中，当面分享无疑是最佳方式。因为这样可以让搭档更直观地捕捉到我们的真实情绪表现，从而更深入地理解我们的内心世界。然而，如果条件所限无法当面分享，也可以通过线上语音或视频来进行交流。无论采用何种方式，保持过程的连续性和专注度至关重要。因此，双方都需要寻找一个安静、无干扰的环境，确保可以敞开心扉、畅所欲言地分享自己的故事。同时，搭档也需要保持高度的注意力，客观地引导并帮助我们做好记录工作。这样一来，我们就能在这次自我梳理的旅程中收获更多的洞见和成长。

第四步：筛选心动主题

在完成分享之后，搭档应该已经将我们故事中涌现出的各种主题记录在了纸上。这些主题可能初看起来杂乱无章，就像是一幅未完成的拼图，等待我们拼凑出完整的画面。而我们的任务，就是从这些纷繁复杂的主题中筛选出那些真正触动我们内心的部分。

这个过程就像一场寻宝之旅，要在记录的海洋中寻找那些能让我们全身心投入并感到能量充沛的活动。比如，我自己骑行在两旁都是树的街道时最容易进入心流状态。在这个过程中，我感受到了自由、探索和挑战。当然，除了寻找心流活动之外，我们还可以从记录中找到那些让我们有所收获的事情。反思这些活动，思考它们为什么能让我们有所收获？收获又是什么？这样的思考过程不仅能帮助我们更好地理解自己。

第五步：陈述为什么

在探索自我与生活的旅途中，可以借助一个简单而实用的模板来引导我们的思考。这个模板是这样的：“我想 xxx，这样会 xxx。”

前半句“我想怎么样”，是我们内心渴望的直观表达。它可以是我们想要做出的贡献，想要达成的目标，或是想要成为的人。后半句“这样会怎么样”，则是对我们行动影响的预见和展望。它描绘了我们实现愿望后可能带来的积极变化，不仅是对个人的影响，也可能是对周围人甚至更广阔世界的改变。这一部分的陈述，让我们能够清晰地看到自己努力的价值和意义。这个模板本质上揭示了一种因果关系：我们的愿望和努力是如何影响我们自身和周围世界的。它不仅是一个思考的框架，更是一种行动的指南。

需要特别注意的是，这个陈述并不需要一开始就写得完美。它更像是一个草稿、一个起点，帮助我们找到一个方向，激发内心深处的共鸣。我们不必拘泥于字句的雕琢，而是要关注陈述背后所传递的感觉。这种感觉应该与我们过去的经历、对我们产生深远影响的故事紧密相连。只有这样，这个陈述才能真正触动我们的内心。随着时间的推移和实践的深入，我们可以不断地推敲和修改这个陈述。每一次的修改，都是对自我认知的一次深化和对生活理解的一次升华。所以，不要害怕修改，让它成为我们成长道路上的伙伴和见证者吧。

规划力：依据价值尺度做事

1. 为理想设置不同阶段目标的能力

将实现理想的时间维度带进来，就是规划。规划不仅仅是对未来的一种设想和安排，更是一种对时间的精准把握和高效利用。通过规划，个体可以将自己的理想分解为若干个短期、中期和长期目标，并为每个目标的实现设定明确的时间节点和行动计划。这样一来，理想的实现就不再是一个遥远而模糊的概念，而是变成了一条清晰可行、步步为营的前进路径。

规划力，是为理想设置不同阶段目标的能力。

实现理想并非一蹴而就的壮举，而是一个需要循序渐进、精心布局的过程。这一过程中，每个阶段都有其特定的任务和目标，它们共同构成了一个详尽而有序的时间表。这张时间表如同一张地图，给我们必要的指引。

在时间的维度上，我们可以将其划分为不同的颗粒度。最大颗粒度的一生，它代表着整个生命周期，是理想实现的最终期限。而最小颗粒度的一天，则是日常生活的基本单位，它提醒我们每一天都在为理想而奋斗。在这两者之间，还存在着中间颗粒度，即人生中的各个阶段：少年、青年、中年等。这些阶段划分是基于人类生命周期的自然规律和社会角色的转变。

我个人更倾向于使用每五年来作为划分单位。这种划分方式更为灵活且实用，它允许我们更细致地规划每个阶段的目标和任务。这与国家的五年规划有着异曲同工之妙，都是通过对时间的合理规划和利用，来推动理想的实现。

之所以不以年龄段作为人生阶段的划分标准时，我们不得不考虑到其所带来的潜在问题——刻板印象。这种印象往往会导致一种误解，即认为某个年龄段的人只能或不应该做某些事情。这种观念不仅限制了个人的自由发展，也忽视了人类多样性和个体差异的重要性。**事实上，无论一个人处于何种年龄阶段，我们都被赋予追求自己目标的权利。**年龄并不应该成为阻碍个人发展的因素，相反，它应该被看作是个人经验和智慧的积累过程。

除了时间这一单向度的考量，规划更应该引入比较这一多维度的视角。我们需要不断地将自己与最优秀的人进行对比，以此来衡量自己的进步与不足；同时，也要与境况相近的人进行比较，以此来评估自己在解决共性问题上的能力和成效。通过与最优秀者的比较，我们可以清晰地看到自己在追求卓越的道路上前进了多少，还有多少距离需要努力；而与相似者的比较，则可以帮助我们更加具体地了解到自己在解决实际问题中取得了哪些进展，又面临着哪些新的挑战。这样的比较不仅为我们提供了更加全面、客观的自我认知，也为我们指明了前进的方向和动力。

2. 将理想拆解成有截止期限的目标

理想的实现是一个无止境的过程。如果树立了理想，规划就要将理想拆解成目标。**目标是在特定时间内必须完成的任务。**目标和理想，一个是具体概念，另一个是抽象概念。这种区分不仅体现了在定义上的不同，更揭示了它们在实现过程中的差异性。目标，作为一个具体概念，通常具有明确的时间点或时间周期。这种时间限定性使得目标具有可衡量性和可比较性。换句话说，我们可以通过设定一系列具体的指标来评估目标的完成情况。例如，学生常常会设定期中考试或期末考试的成绩目标，如达到全班前多少名。这种具体化的目标设定不仅有助于激发学习动力，也为他们提供了明确的努力方向。

在实现理想的过程中，高手往往擅长拆解目标，他们深知通过将宏大目标细化为具体可行的子目标，能够更有效地推进任务的完成。相反，那些经常失败的人则往往急于求成，他们试图直接跨越中间步骤，立即获得最终结果，这种做法往往事倍功半，甚至导致失败。如果一个人试图用寻找知己的立场去与一个陌生人建立深厚的友谊，一开始就表达出想要相互安慰和分享的愿望，这种行为也可能会让对方觉得太过唐突。因为友谊的建立需要经历相互认识、信任建立、情感交流等多个阶段。

在追求理想的过程中，那些能够将时间颗粒设定得清晰并且能够按时完成的人，往往更有可能实现他们的目标。这种对时间的精细管理不仅体现了他们的自律和计划性，更是他们实现理想的重要基石。掌握不了整个人生，至少先掌握一天。如果连一天的时间都无法掌控，那么个人成长和理想实现就无从谈起，这样的人只能如同咸鱼一般，任由时间在指缝间流逝而无所作为。

3. 持续完成小目标就有大作用

必须正视一种糟糕的心理体验：当你意识到自己正无所事事地坐着，每一秒钟都在无谓地流逝，自己却无力停止这种拖延行为。在这种情境下，焦虑与恐慌如潮水般涌来，然而大脑似乎被束缚在了一个拒绝行动的身体之中。内心深处，你或许正在无声呐喊，但外表上却只是茫然地吃着薯片，仿佛一切都在掌控之中。

为了打破这种恶性循环，我们必须致力于设计和实施一系列具有针对性的策略。在这些策略中，将宏大且复杂的目标进行细致入微的拆分显得尤为关键。通过将整体目标分解为一系列相对独立、易于实现的小目标，我们能够在追求过程中逐步积累成果，进而提升自信和动力。

这种方法的优势在于其心理学原理的应用：每当我们成功实现一个小目标时，大脑会释放出一种称为“成就感”的神经递质。这种内在的满足感不仅为我们带来了即时的快乐，更重要的是，它作为一种强大的心理激励机制，能够激发我们持续努力、不断向更高目标迈进的决心和勇气。

此外，**不应忽视社交支持在目标追求过程中的重要作用**。寻找充满积极能量、志同道合的伙伴，不仅能够提供必要的情感支持和实际帮助，还能通过共享经验和互相学习，提升能力和效率。以考公为例，与一位同样致力于考公上岸的伙伴一起学习，不仅可以相互激励、共同克服困难，还能在友好的竞争中体验到备考的乐趣和社交的满足感。这种积极的社交不仅能够增强我们的自律性，还能在潜移默化中培养团队协作能力和人际交往技巧。

然而，要坚持做一件事情，仅仅依靠短期的动力和伙伴的支持是不够的。**我们需要让这件事情变成生活中的一个习惯，就像吃饭和喝水一样自然而然**。那么，如何让一件事情成为习惯呢？答案就是坚持不懈地去做，风雨无阻。通过不断地重复和强化，大脑会逐渐形成一种自动化的行为模式，从而使这件事情成为我们生活的一部分。

一般来说，与身体健康、学习知识、提升技能、培养兴趣、增加社交等方面相关的小目标都比较容易实现，因为它们能给我们带来积极反馈和成长感。比如，可以每天多锻炼一分钟，多做一个俯卧撑，走楼梯，不坐电梯，多打一个销售电话，工作时多问一个问题，多写一封邮件，多写一个句子，多冥想 30 秒等。这些小目标都不会占用太多的时间和精力，但如果能坚持去做，你就会发现身体、心理、工作、学习等方面都会有所改善和进步。

我的另一位非常优秀的学生，是 G20 青年企业家联盟精英。他在和我的一次深谈中回顾了完成目标对他的影响。

刻意练习让我受益无穷

“我读大学时一定要6点钟起床，一定要把英语学的和母语一样好，要过精彩的大学生活”。在还没到大学的高三暑假里，我就给自己定下这些目标。进入大学后，我就开始执行这个计划。

因为我高中时便有这个计划，而且把这个计划执行得非常成功，所以我觉得如果读到大学还继续执行这个计划，一定也会获得成功。

高中的事情时时刻刻都在激励着我，不管是被全校老师鼓励，拿奖学金，还是受到全校瞩目，这些都是给我的极大激励！

这些正面刺激让我形成认知，让我觉得大学时只要继续保持这样的姿态就一定可以成功，不管挑战有多大，我都可以成功，所以回过头来看，对我影响最大的时期，一定是高中。

在人生的漫长旅程中，许多人或许终其一生都未能透彻地认识自己真正追求的是什么。这种境况并不罕见，也不必过于焦虑。因为，对于大多数人而言，真正的自我认知往往是在不断的尝试与探索中逐渐形成的。在这个过程中，我们或许会发现，与其苦苦追寻那些模糊不清、难以捉摸的东西，不如先排除那些自己确定不想要的事物。通过排除法，可以逐渐缩小选择范围，从而更接近自己内心的真实想法。

4. 模仿偶像的一个特质

成功的实现往往并非完全依赖于独创性和突破性的思维。**对很多人来说，成功取决于是否能模仿**。这并不是说我们应该满足于简单的复制和机械的重复，而是强调在学习和实践中，通过模仿他人的成功经验，结合自己的实际情况进行针对性改进和优化。

我们往往容易陷入与同等水平者的比较之中，而忽略了那些比我们更加优秀的人的存在。事实上，将注意力集中在那些比我们强30%~50%的人身上，并如饥似渴地去观察学习他们，是一种更为有效的提升策略。

模仿偶像，是这种学习策略的一种具体体现。偶像之所以成为偶像，往往是因为他们的某些品质和成就触动了我们内心深处的某个柔软之地，使我们不自觉地产生钦佩之情。有自己的偶像，是一件好事。因为偶像在某种程度上可以暂时取代我们的人生目标，成为我们追求和努力的方向。我们将他们视为标志，并以此为标准来要求自己的言行品质。偶像的品性越好、成就越大，我们内在的驱动力也越大。当然，与此同时，给自己带来的压力也会相应增加。

为了更好地学习偶像的优秀品质和技能，可以尝试列出他们的核心技能点。每个偶像的核心技能可能会因其标签和领域而有所不同。例如，谈及王阳明，我们可能会想到他知行合一的精神，这也是我最喜欢的一种精神和态度。甚至我和团队的微信公众号就是“何艳玲知而行”；而谈起科比，我们则会想到他早起不服输的篮球精神。通过将这些核心技能的共同点圈出来，可以发现一些共通的优秀品质和技能标签。这些标签便可以作为我们对标和学习的标准。

也许我们无法达到偶像的水平和高度，但只要能够保持接近偶像的努力状态，就一定能够走得更远。因为在这个过程中，我们不仅在知识和技能上得到了提升，更重要的是在心态和习惯上得到了淬炼。

此外，还可以在社交圈里固定关注几位自己看好或钦佩的人，或者那些人生际遇与自己不同的人。通过观察他们的言行和思考他们的思路模式，我们可以有意识地给自己寻找组合灯塔。这些灯塔不仅可以为我们提供新的视角和思考方式，还可以帮助我们不断塑造自己，成为自己喜欢的样子。如果你欣赏 A 待人接物的方式，那么就可以尝试学习并融入这种方式；如果你欣赏 B 做事沉稳、不急不躁的态度，那么就可以以此为标准来要求自己；如果你觉得 C 对身材的管理很积极科学，那么也可以尝试借鉴并应用到自己的生活中。

通过这样的模仿过程，我们会逐渐习惯去观察别人的优点，发自内心的赞赏。然后将这些优点加入清单，并在遇到问题时思考如果是他们会怎么做。这样一来就像加了很多强力 buff，时间久了，这些优点也都会内化成自己的素质。

5. 通过完成目标获得自由

在哲学领域中，**自由被划分为积极自由与消极自由**。积极自由，体现了个体主观能动性的充分发挥，即个体能够按照自身的意愿和决策去行事，不受外界因素的束缚和限制。在这种状态下，人们能够追求自己心中的理想和目标，实现自我价值的最大化。而消极自由，则强调个体在不受强制和干涉的情况下，拥有选择不做某事的权利。这种自由为个体提供了一个相对宽松的环境，使其能够在不受外界压力的情况下，自主决定自身行为和选择。

每个人内心深处的最终追求，都或多或少地与自由息息相关。无论是积极自由还是消极自由，它们都构成了人们努力前行的动因。这种动因可能来自单一方面的追求，也可能是两者综合作用的结果。以我和学术工作的关系为例，我之所以投身于学术研究，并不仅仅是因为我对知识本身的渴望，更是因为我在这个过程中体验到了一种自由感。这种自由感来源于能够自主选择研究的课题，能够按照自己的兴趣和思路去探索未知的领域。可说，我在学术上长期不变的努力的动力更多地来自对自由感的不断追寻和体验。

对我而言，**自由不仅仅意味着能够做什么，更重要的是能够选择不做什么。**这种选择权使我能够在面对各种压力时，依然能够坚守初心和追求。

超常规付出是为了获得自由

在我读三年级的时候，兄长大学放假回来。他告诉我不能在小学浪费太多时间，可以跳级；但跳级是有条件的，还必须通过考试。我决定试试看，所以三年级的暑假我几乎牺牲了我有的休息时间准备考试。当然，之后我通过了考试，这对我而言是莫大的激励。一个那么小的孩子可以取得这个成功，这给了我很大的成就感和因为学习而获得自由感。

自那之后我也一直保持着比较好的学习状态。我比很多人都勤奋。每天 6 点起床，下完自习以后还会在路灯下会看一个小时的书，因为当时上学是统一熄灯的，所以宿舍没有灯，熄灯后我至少会再看一个小时。每天如此。

我做这些努力的时候，其实没想太多，我就是想能够在考试中保持一种比较自由的状态，而不会在考试的时候被约束住。考试的时候如果遇到我不会做的题，就会带给我一种紧张或者说不舒服的感觉，但是如果我能够战胜它们，我会觉得很通畅、很自由。应该说，我所有中学的努力，很大程度上是不希望考试成为我的焦虑甚至恐惧。

6. 允许自己完不成目标

计划对目标的实现当然非常重要。但我们经常会发现一种现象：许多人一旦提及计划，便习惯于引用网络上流传的所谓“大神”“学霸”精确到分钟的计划表。例如，清晨4：30是起床时间，紧接着是4：50至5：30的单词学习时间，短暂5分钟休息后，5：36至6：00又投入到短句学习中，随后是6：00至6：15的早餐时间。这种安排虽然展现了极高的时间管理精度，但对于大多数人而言，其可行性却值得商榷。

事实上，这种高度固化的时间表往往难以适应普通人的生活节奏和习惯，因此坚持执行变得异常困难。鉴于此，可以制定更具弹性的时间表。例如，设定今天上午进行三次刻意练习，每次25分钟，而不必将其严格限定在某个固定时段。只要条件允许，就可以迅速进入练习状态并完成计划。

外界环境的多变性使得我们的计划往往难以完全按照预期执行。

面对这种变化，关键在于能否快速接纳并做出相应调整。过度追求饱和的工作时间表并不意味着高效率。人类犹如一部精密复杂的仪器，任何一个环节的失衡都可能引发整体震动。我们不仅应该允许这种震动的发生，而且要让它自然地呈现出来。如果我们拥有一个强大的内心平衡系统，就能够在震动发生后重新找回平衡，而不是试图控制或避免震动的发生。

制定计划时，必须强调其可执行性。一个计划如果无法执行下去，那么无论其设计得多么完美，都是不合格的。为了确保计划的有效执行，我须首先了解自己，根据自己的性格和习惯来制定计划。同时，避免只针对想要改变的地方采取强硬措施，而是要从最基本的、最微小的改变和练习开始逐步推进。

在人生的征途中，理想无疑扮演着指路灯的角色。正是对理想的追求和渴望，使得我们能够在面对困难和挑战时，依然保持坚定的信念和决心。然而，在追求理想的过程中，必须认识到一个至关重要的原则：忠于现实。忠于现实意味着需要正视自己所处的环境和条件，不逃避、不幻想。**只有基于现实出发，我们才能建立起与每一个“当下”的良好联系。**

拥抱不期而遇的各种变化是一种立场。**变化是生命的本质属性之一，它无处不在、无时不在。**只有当我们敢于面对并接受变化时，才能够在变化中找到新的机遇和可能性。人生的关键并非某一目标的“非如何不可”，而是心智的成长和人格的完善。这是一个持续不断的过程，它伴随我们的一生。

丰富的体验本身就是生命的意义所在。

7. 规划力的关键变量：时间管理

时间管理，其本质在于明确每个时间段的核心任务，并确保其得以持续完成。这不仅是对时间的合理分配，更是对生活和工作的深度规划。

对于珍视时间的人而言，时间是无价的财富；而对于另一些人，时间却仿佛毫无价值。他们可能愿意为了微不足道的小事花费大量时间与人争执，或为了免费的赠品在超市排队数小时。这种人生缺乏规划和目标导向，任由时间流逝而无动于衷。没有时间限定的目标将失去其存在的意义。生命的短暂和不可重复性要求我们必须珍惜时间、明确目标、有效规划。

许多人都有过这样的体验：当全身心投入于某项任务，如考试复习，忙碌一天后会感到充实满足。然而，一旦任务完成，如考试结束，原本紧张有序的时间突然变得空闲，甚至长期无所事事，空虚感便油然而生。这是因为大脑需要明确的指引和启发。若不主动为之设定任务，大脑便会陷入迷茫，无所适从，进而导致我们感到无聊，转而寻求即时的娱乐刺激，如频繁刷朋友圈、沉迷抖音快手等游戏，最终在浑浑噩噩中度过一天。

为了让生活更加有序、目标更加明确，我们需要像设计游戏任务一样，为每一天部署明确的任务。这些任务不仅要有清晰的目标，还要难度适中。时间管理与生命的重要性不相上下。

在有限的时间里，每件事情都有其价值，但这些价值并不对等。每个人的时间和精力都是有限的，不可能对所有事情一视同仁。因此，学会优先处理重要的事务，即所谓的“要事管理”。通过在高能时段专注处理重要任务，可以在精力最充沛、效率最高状态下取得事半功倍效果。同时，利用工具来管理日常事务，根据时间的灵活性和紧迫性进行划分，保持生活的严谨而不失弹性。

在操作层面，时间管理是复杂的技能，涉及多方面的策略和工具。以下是一些被广泛认为有效的时间管理模型和方法：

1. 艾森豪威尔矩阵（Eisenhower Matrix）

将任务分为四个象限：紧急且重要、重要但不紧急、紧急但不重要、既不紧急也不重要。通过优先处理紧急且重要的任务，然后规划重要但不紧急的任务，可以更有效地管理时间和精力。

2. 番茄工作法（Pomodoro Technique）

将工作分成25分钟一个的时间块（称为一个“番茄”），每个时间块之间休息5分钟。每完成四个连续的“番茄”后，可以休息更长时间，比如15-30分钟。这种方法有助于保持专注并提高工作效率。

3. 单点专注（Single-Pointed Focus）

强调一次只做一件事，避免多任务处理。通过集中注意力在一个任务上，直到完成或达到一个有意义的停止点。

4. 每日三件事（The Rule of Three）：

每天选择三件最重要的事情来优先完成。这样做有助于保持焦点并防止被琐碎的任务分散注意力。

5. 时间追踪（Time Tracking）

使用时间追踪工具或应用来记录你的时间花费在哪些活动

上。通过这种方式，你可以识别出时间浪费的地方，并优化你的日程安排。

选择哪种方法取决于你的个人偏好、工作风格和生活需求。尝试不同的方法，找到最适合你的时间管理策略。无论如何，请记住这个 505133 法则：

- 如果没有 50 年的洞见，至少要有 5 年的眼光。
- 如果没有 5 年的眼光，至少要有 1 年的梦想。
- 如果没有 1 年的梦想，至少要有 3 个月的计划。
- 如果 3 个月的计划都没有，那么至少应该知道自己每天必须要完成的最重要的三件要事！

当我们开始学会管理时间、成为时间的主人时，将逐渐感受到平淡生活中涌现出的平静与力量。这种力量来自对时间的掌控和对生活的规划，它让我们更加自信、从容地面对生活的挑战和机遇。

8. 规划力的关键切口：愿望清单

在时间管理的千头万绪中，寻找一个切实可行的入口往往让人颇感迷茫。我认为，这个关键切口是“愿望清单”。通过构建和细化个人的愿望清单，不仅能够洞察自己深层的动机和目标，还能为时间管理提供有力抓手。

如何构建这样一个愿望清单？我们可以从几个基本问题出发，

逐步构建愿望图景：

首先，需要自我审视目前正在从事的职业。

这不仅是对当前生活状态的一个认知，也是对未来规划的一个重要参考。

接下来，设想一个未来场景：

如果人工智能和机器人技术发展到足以取代你的工作，你将如何应对？

在这个设想中，重新学习一门技能以自给自足成为必要之选，那么你会选择哪一领域作为新的职业起点？

进一步地，可以抛开现实束缚，思考一个更为根本的问题：

如果不必担忧生计，也不在乎外界评价，你内心渴望的生活是什么样的？

这些问题的回答将构成愿望清单的初步框架。

此外，还有另一种提问方式来辅助构建愿望清单。例如：

展望五年后的生活，你期待中的日常是怎样的？

你希望与哪些人共事？你最向往的工作环境是怎样的？

在你的人生中，最渴望实现的一件事情是什么？

这些问题能够引导我们更深入地挖掘内心的渴望和愿景。

当我们通过这些问题梳理出自己的愿望清单时，可能已经感受到了一种内在的改变冲动，渴望探索更多生活的可能性。此时，如同上文所述，计划就显得尤为重要。它不仅能够为我们提供一个行动的起点，还能确保我们在追求愿望的过程中保持生活的平衡和立足点。

制定计划后，需要对照一些关键特征来检验其可行性和有效性。**这些特征包括计划的明确性、可衡量性、可实现性、相关性和时限性等**。这份计划也应随时做调整和修改，使其更贴近我们的状态。美国心理学家罗伯特·伍伯丁（Robert E.Wubbolding）用 SAMIC 总结了一个好计划的特点。

Simple 简单	Attainable 可获得的
Measurable 可测量的	Immediate 立即
Involved 投入	Controlled by the planner 可由计划者控制
Continuously done 可持续去做的	Committed to 承诺

图 5-1　SAMIC 表

其中，SAMIC 是五个英文单词的首字母缩写，这些单词分别代表了一个好计划应具备的五个关键要素。

1. 具体性（Specificity）：一个好的计划应该是具体的，而不是模糊的或过于笼统的。具体性意味着目标被明确地定义，计划中的每一个步骤都被详细列出。这样可以帮助我们清楚地知道需要做什么，以及如何做。

2. 可衡量性（Measurability）：计划的进展和成果应该是可以衡量的。通过设定可量化的指标，我们可以追踪进度，了解是否正在朝着目标前进，以及还需要做多少工作才能达到目标。

3. 可实现性（Achievability）：一个好的计划应该是实际可行的。这意味着目标是现实的，考虑到了个人的能力、资源和时间限制。一个不可实现的计划只会导致挫折和失望。

4. 意义性（Meaningfulness）：计划应该对个人有意义。这意味着它与个人的价值观、兴趣或长期目标相一致。一个有意义的计划能够激发人们的动力，让我们更愿意投入时间和精力去实现它。

5. 时限性（Time-bound）：计划应该有明确的时间限制。设定截止日期或阶段性目标可以帮助人们保持专注，优先处理重要事项。

从另一个角度来看，**愿望清单也可以被视为对自己喜好的一次系统梳理**。通过反思自己喜欢什么、在什么事情上花费的时间和精力最多、做什么事情会让自己感到由衷的开心等问题，可以逐渐锁定自己最感兴趣的事物。这些兴趣点进而可以与职业方向相挂钩，比如喜欢画画的人可以考虑成为设计师或插画师，喜欢写文章的人则可以考虑从事内容编辑或小说创作等工作。

对于那些无论如何都难以找到明确兴趣的人来说，也不必过于焦虑。此时，将挣钱作为暂时的兴趣不失为一个明智选择。毕竟，经济独立和财务自由是追求自由的重要基础。而且，在挣钱过程中，我们也有可能会意外地发现自己的真正兴趣和理想所在。

为了让自己在人生的道路上走得更远、更稳，我们必须学会投入更多的深度思考和努力，去探寻和设定清晰的目标。我们需要以价值尺度为导向，将行动与价值观紧密地结合起来。而规划力的重要意义就在于让我们时刻提醒自己：**是否做一件事情的关键，是关乎实现理想的价值程度，而不是容易程度或者擅长程度。**

猎知力：让知识创造知识

1. 基于问题导向的知识系统化能力

规划，并非仅仅是一张通往理想的静态路线图，它更是一个动态的过程，需要我们在追寻梦想的路上不断地探索、学习和适应。在这个过程中，我们不仅需要了解如何前行、如何规避风险、如何选择合适的同行者，更需要一种能力去主动猎取这些知识，这种能力就是猎知。

猎知，是基于问题导向的知识系统化能力。它不仅是对知识表面层次的简单涉猎，而且是深入挖掘知识背后的内在联系和逻辑结构，从而形成一个全面、有机、系统的知识体系。这种知识系统不仅涵盖了广泛的领域和主题，而且注重知识的内在联系和逻辑结构，使得我们能够更加高效地获取、整合和应用知识。而猎知力，则是于问题导向的知识系统化能力。

之所以用“猎”来形容这种知识系统化能力，是因为打猎本身就是一种非常主动、目标明确、策略灵活的行为。这与猎知力的核心要求不谋而合。在猎知的过程中，需要像猎人一样，保持高度的警觉性和敏锐性，以便及时发现并捕获有价值的知识资源。同时，我们还需要像猎人一样，具备耐心，不断地追踪、挖掘和整合各种知识线索，最终构建起一个完整、系统的知识体系。

为了更好猎知，要明确数据、信息知识与能力的关系，也即知识金字塔。

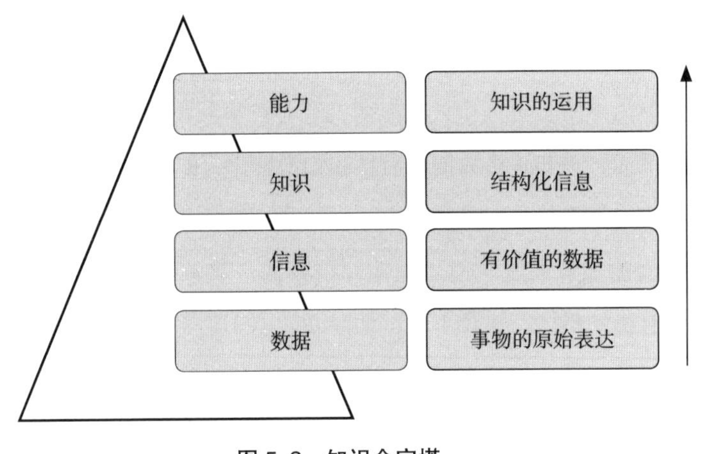

图 5-2　知识金字塔

- **数据：**位于金字塔的底部，代表事物的原始表达或呈现。数据是未经加工的原材料，可以是数字、文字、图像、声音等。
- **信息：**位于数据之上，代表从数据中提炼出的有价值的内容。信息是经过处理和组织的数据，能够传达某种意义或消息。

- **知识：** 再往上一层是知识，它是用来解决问题的结构化信息。知识通常基于经验、研究或专家见解，并以某种方式组织起来以便理解和应用。
- **能力：** 位于金字塔的顶端，代表知识的运用。能力是将知识转化为实际行动和结果的能力，通常需要技能、经验和实践。

之所以强调猎知的重要性，是因为在数据海量、新爆炸的时代，获取知识已经不再是难题，难的是如何将知识转化为能力。能力是一种更为本质、更为持久的东西，它可以帮助我们应对各种复杂多变的挑战。**猎知是将数据、信息和知识转化为能力的重要途径。**

猎知不仅仅是一种学习方法，更是一种认知策略。**猎知的核心在于构建知识系统。**通过构建知识系统，将零碎的知识整合起来，形成有机的整体。想象一下，如果我们的大脑是一个图书馆，那么猎知就是帮助我们整理图书、建立索引、设计检索系统的方法。更重要的是，这个知识系统不仅能够帮助我们更好地存储和记忆知识，还能够为我们提供一个稳定的认知框架。使我们在面对新的问题和挑战时能够迅速找到解决之道。比如，一个经验丰富的医生，在面对复杂的病例时，之所以能够迅速做出准确的诊断，就是因为他的大脑中已经建立了一个完善的知识系统，这个系统能够帮助他快速识别症状、分析病因、制定治疗方案。

2. 科学方法的重要特质：系统性

训练猎知力主要通过两种途径来实现：**街头智慧和科学方法**。这两种途径各具特色，互为补充。

街头智慧是一种源于生活实践的思维方式。它强调的是通过观察和体验来获取知识进而指导行动。在生活中，我们常常会遇到这样一类人：他们并没有接受过多少正规教育，也没有阅读过大量的书，却能够在某个领域或者经营某项事业时表现出色。当你向他们请教成功的秘诀时，他们虽然无法精准描述自己的做法，但可以给出很有实效的操作性建议。

这些人的成功并非偶然，而是源于他们高超的悟性和对规律的深刻把握。尽管他们无法用科学的语言来精确总结自己的成功经验，但其行为却无形中遵循着某种内在的逻辑和规律。这种逻辑和规律往往是通过长期实践和观察得出的，是他们在不断试错和反思中逐渐摸索出来的。这也是为什么一些事业有成的老板在参加商学院的MBA 课程时，会有豁然开朗的感觉。因为他们在实践中已经积累了大量的经验和直觉，而 MBA 课程则帮助其将这些经验和直觉上升到理论的高度，从而更好地指导实践。

与街头智慧相比，科学方法则更加注重知识系统和逻辑推理。它强调的是通过实验和观察来获取可靠的数据和信息，进而通过分析和推理来得出结论。这种方法通常被应用于科学研究和工程技术领域，但也可以用于指导我们的日常生活和决策。掌握科学方法的人，不仅积累了深厚的知识，更形成了一套严谨、完整的科学方法论。在面对各类问题时，他们不是凭借直觉或经验去盲目尝试，而是能够有条不紊地运用科学方法进行剖析和解决。你问他们如何达成某项成果，他们会条理清晰地逐一解析每个步骤，展现出系统性和缜密性。

比如，姬十三拥有生物学博士学位。在2010年创立果壳网之前，他一直在学校的生物实验室里从事科学研究，几乎没有任何商业或创业经验。然而，正是这段看似与商业无关的科研经历，让他从中提炼出了一套创业方法论。他将科学研究的严谨态度和思维应用于创业实践，不仅使果壳网取得了显著成绩，还相继孵化出了慕课、在行、分答等一系列颇具影响力的项目。

与街头智慧相比，科学方法的关键在于其系统性。这种系统性不仅保证了我们在解决问题时能够全面、深入地把握问题的本质和规律，还使得我们能够举一反三、触类旁通，从而将局部的经验和知识推广到更广阔的领域。**构建知识系统的最终目的是稳定高效地解决问题。**

3. 猎知习惯始于“悦读”

猎知之旅往往始于对心爱书的阅读。要让阅读真正跃然纸上，非从那些能点燃我们热情的书着手不可。我习惯称这种阅读为“悦读”，因为它带来的快乐无法言喻。苏轼曾言：“宁可食无肉，不可居无竹。”这恰恰道出了阅读之于我们的意义。

在视频如此流行的当下，我始终认为文字构建的作品有着独特魅力。它们如水一般无孔不入，能够迅速而彻底地穿透生活的缝隙，揭示出隐藏其中的事物本质。这种体验是其他媒体难以替代的。比如，作为公共事务研究者，我其实很难有时间读诗。但有一次偶然读到余秀华的《我爱你》，还是被其中文字巧妙地兼有朴实和奢华的质感而触动。比如，诗中“巴巴地活着，每天打水，煮饭，按时吃药”描绘了日常生活的琐碎，但通过“阳光好的时候就把自己放进去，像放一块陈皮”这样的比喻，又赋予了琐碎以灵气和美感。

《我爱你》

巴巴地活着，每天打水，煮饭，按时吃药
阳光好的时候就把自己放进去，像放一块陈皮
茶叶轮换着喝：菊花，茉莉，玫瑰，柠檬
这些美好的事物仿佛把我往春天的路上带
所以我一次次按住内心的雪
它们过于洁白过于接近春天
在干净的院子里读你的诗歌
这人间情事恍惚如突然飞过的麻雀儿
而光阴皎洁
我不适宜肝肠寸断
如果给你寄一本书，我不会寄给你诗歌
我要给你一本关于植物，关于庄稼的
告诉你稻子和稗子的区别
告诉你一棵稗子提心吊胆的春天

在悦读的基础上，还可以尝试一种更积极的阅读方式——**创新阅读**。偏好既是我们观察世界的独特视角，也可能成为束缚的枷锁。

它让我们习惯于以固定的方式看待事物，从而限制了认知范围。为了打破这种局限，可以尝试在阅读中引入新的元素。我的做法是在每月书单中加入一两本以前从未涉猎的领域的书。这些书初读时可能会感到吃力，但随着时间的推移，我们会逐渐摆脱偏好或者偏见，从而在认知上不断升级和拓展自己的边界。

4. 通过主题阅读建立知识关联

在悦读和创新阅读的基础上，下一步就是主题阅读。

在浩渺的知识海洋中，主题阅读为我们提供了一种策略：通过聚焦于某一特定概念或知识点，收集与之相关的不同作者的书，以开放的心态带着问题去阅读，不盲目接受观点，而是思考作者背后的写作动机。在这一过程中，我们不仅整合作者的思想，也在思考与对比中形成了自己的见解，拓展了认知的边界。随后，带着新的认知去探寻其他人对该主题的看法，最终提炼出一个更为全面、深入的认知体系。这种主动式的阅读学习方式，是深化理解和扩展知识的有力武器。

主题阅读也可以从基本概念或者核心概念开始。每个领域、每个专业都是由一系列核心概念构建而成的。这些概念可能多达数百甚至数千个，但只要能够清晰掌握这些概念以及它们之间的相互关系，就能够为进一步深入该领域甚至成为该领域的专家打下坚实基础。因此，尽管市场上有许多销量巨大的畅销读物，但基础教材的重要性不容忽视。猎知的过程需要打破大脑中固有的思维框架和连接，建立新的认知节点和网络。与经典教材相比，一些畅销读物往往只提供新谈资，让我们误以为学到很多，实际上并不能帮助重建对某个领域的深入认知。此外，为了保证可读性，畅销读物在诠释概念时往往会更加模糊和简化。如果没有通过基础教材打好扎实的底子，很容易导致理解的偏差。

选择一本公认的、权威的教材，并彻底弄懂其中出现的术语，是主题阅读的关键一步。在这一阶段，不必强求能够读懂多少内容，只要能够理解术语即可。例如学习哲学时，就可以选择阅读弗兰克·梯利（Frank Thilly）的《西方哲学史》或罗伯特·所罗门（Robert C.Solomon）的《大问题》，遇到不懂术语时，可以通过查阅维基百科、ChatGPT或请教他人来弄懂。同样，在学习经济学时，保罗·萨缪尔森（Paul A.Samuelson）的《经济学》就是不错选择。

举例而言，我们可以看看经济学的基本概念及其关系。这些关系图将围绕几个核心概念展开，包括稀缺性、需求、供给、市场、价格、生产和政府干预。

1. 稀缺性：这是经济学的出发点。由于资源有限，而人类需求无限，因此经济活动都在资源稀缺性的背景下进行。
    - 需求：消费者在一定价格水平下愿意并能够购买的商品或服务的数量。需求受到价格、收入、消费者偏好等因素的影响。
    - 供给：生产者在一定价格水平下愿意并能够提供的商品或服务的数量。供给受到价格、生产成本、技术水平等因素的影响。

2. 市场：是买卖双方进行交易的场所。在市场中，需求和供给相互作用，决定了商品或服务的价格。

- 价格：价格是市场中商品或服务的货币表现，反映了资源的稀缺程度。价格受到需求和供给的影响，当需求增加或供给减少时，价格上升；当需求减少或供给增加时，价格下降。

3. 生产：将投入转为产出的过程。生产者追求成本最小化和利润最大化。

- 成本：生产者为了生产商品或服务而必须放弃的其他商品或服务的价值。成本包括固定成本和可变成本。
- 利润：生产者销售商品或服务的收入减去生产成本的差额。利润是生产者追求的目标，也是衡量生产者经营效率的重要指标。

4. 政府干预：在市场经济中，政府有时需要对市场进行干预，以实现某些社会目标，如公平、效率和稳定。

我们还可以看看社会学的基本概念及其关系。这些关系图将围绕几个核心概念展开，包括社会、文化、结构、互动、变迁。

1. 社会：指一组人群在特定地域内相互关联、相互依存而形成的集合体。社会是社会学的研究对象，包括各种社会现象、社会关系和社会结构。

- 社会现象：指在社会中普遍存在的、可以观察和描述的事物或事件，如人口增长、城市化、犯罪等。

- 社会关系：指人们在社会中相互交往、相互联系所形成的关系网络，如家庭关系、朋友关系、职业关系等。
- 社会结构：指社会中各种社会地位、社会角色、社会群体和社会制度所组成的相对稳定的关系体系。

2. **文化**：指一个社会或群体共有的价值观念、信仰、知识、艺术、习俗等精神财富和物质财富的总和。文化是社会的重要组成部分，对个体和社会行为产生深远影响。
    - 价值观念：指人们对事物的好坏、善恶、美丑等进行评价的标准和观念。
    - 信仰：指人们对超自然力量、神秘事物或某种主张的坚定信念和崇拜。
    - 知识：指人们在实践中获得的经验和理论知识，是人类文化的重要组成部分。
3. **结构**：指社会中的各个组成部分之间相对稳定的关系和排列方式。社会结构包括社会阶层、社会组织、社会制度等要素。
    - 社会阶层：指根据经济地位、权力地位、教育程度等因素将社会成员划分为不同的层次或等级。
    - 社会组织：指为了实现特定目标而组织起来的人群集合体，如企业、政府、非营利组织等。
    - 社会制度：指社会中规范人们行为的规则、惯例和法律体系等。
4. **互动**：指社会中个体与个体、个体与群体、群体与群体之间相互作用、相互影响的过程。社会互动是社会动态性的重要体现。

- 交换：指人们在社会互动中通过给予和接受某种东西来建立联系和维持关系的过程。
- 竞争：指人们在有限资源的环境下为了争取自身利益而展开的争夺和冲突。
- 合作：指人们为了共同目标而协同行动、相互配合的过程。

5. **变迁**：指社会在时间推移中发生的各种变化和发展。社会变迁包括社会进化、社会革命、社会改革等多种形式。
   - 社会进化：指社会在长时间内逐渐发展、演变的过程，通常表现为社会结构、文化、科技等方面的进步。
   - 社会革命：指社会中发生的根本性变革，通常伴随着政治权力的更替和社会制度的重塑。
   - 社会改革：指在不改变社会根本制度的前提下，对社会结构、政策、法律等方面进行的调整和完善。

在掌握了基础工具之后，接下来就是要建立该领域的脉络。**知识系统化的核心在于能够建立知识关联**，包括旧概念与新概念的联系、单一概念与拓展概念的联系以及不同领域之间的联系等。只有不断拓展这些联系，才能够真正实现猎知的目标。因此，在这一阶段需要多读几本描述不同时期的书，同样不必深入理解每本书的所有内容，只要能够弄清楚这个领域的发展历程、不同时期的特点以及著名的“节点人物”等就足够了。

在这个过程中，我们会收集到大量信息，其中大部分可能是杂乱无章的。因此，需要学会提取关键信息并进行分类梳理。为每条信息打上关键词标签方便日后进行思考和回顾。此外，将信息进行图形化或数字化处理也是一个非常有效的方法。通过对比不同的数据或图表，可以更加直观地看到问题的所在和解决方案的优劣。可以遵循以下几个原则来处理信息：

- 避免信息完美主义。在有限的时间和精力下，我们不可能搜集到所有的信息。因此，要优先筛选价值高且与目标相关度高的信息进行处理。
- 尽量将信息数字化或量化。根据主要观点找出相应的依据或数据支持，并尽量将这些信息转化为数字或量化的形式以便进行精准分析和对比。
- 将信息进行图形化处理。将收集到的数据整理成条形统计图、折线统计图等形式可以更加直观地展示数据之间的关系和变化趋势。
- 学会细化知识。细化知识的过程实际上就是理解新知识并将其与已有知识相联系的过程。通过将新知识用自己的语言重新表述，并思考它与已有知识之间的联系和区别，可以更加牢固地掌握新知识并扩展自己的认知边界。

5. 信息筛选相比信息获取更重要

在信息的海洋中，每个人所处的位置、所能触及的深度和广度，都极大地影响着他们的认知和行为。掌握着真实而关键信息的人，往往能够在社会、经济、科技等领域中占据先机，成为引领时代潮流的佼佼者。而那些缺乏有效信息的人，则可能在人生的道路上步履维艰，难以把握属于自己的机遇。这种信息的不对称，不仅加剧了人与人之间的分化，更在一定程度上决定了每个人在社会结构中的地位和命运。

对于来自乡村或家庭条件有限的孩子们来说，他们在进入大学后往往会面临很多困难，这不仅是因为在知识储备上的可能不足，更是因为在信息获取上的劣势。这种信息通道的差异导致了认知和行为上的局限，使其难以适应新的环境和挑战。在当下，**阶层分化并非只是基于物质的拥有，还基于更为微妙且深远的——信息的掌握与分配。**

我们能获得的信息的质量不仅影响我们的知识水平，而且在潜移默化间塑造着我们的精神世界。它如同心灵的食粮，滋养着思想和情感，拓宽着我们对世界的理解和认知。根据《2022年国民抑郁症蓝皮书》的数据，18岁以下的抑郁症患者占总人数的30.28%。虽然这个比例并不代表发病率，而是患者占总人数的比例，但这一数字也揭示了年轻一代在精神层面所面临的严峻挑战。他们生活在一个信息爆炸的时代，却似乎并没有因此而拥有更加丰富的精神世界。相反，他们在信息的海洋中迷失了方向，甚至陷入了精神的困境。

因此，**猎知能力，还体现为信息筛选和信息加工能力。**

一方面，拓宽信息汲取之源。信息的源头不应被单一的溪流所限，如新闻媒体的报道和社交平台的热议，而应是一个百川汇海的多元宇宙。这其中，行业专业网站如同清泉，为我们提供一线的前沿知识；业内领军人物的经验分享如同甘霖，为我们指点迷津；社群中的讨论与交流则如同智慧的火花，激发我们的思考。这种多元化的信息获取，使我们得以跨越信息的孤岛，避免陷入自我编织的信息茧房，从而因视野的宽广而减少认知的盲点与误区。

另一方面，拓展深度阅读。在快餐文化盛行的时代，一键即得的碎片化信息充斥着我们的生活，深度媒体似乎已渐行渐远，如同落日余晖中的远帆。但我仍然希望更多的人去看深度报道、深度研究、深度长文。事实上，当海量信息和推送如同潮水般涌来，我们的注意力往往如同风中的烛火，摇曳不定。我们变得越来越浮躁，仿佛无头苍蝇，在信息海洋中难以静下心来沉浸于一篇长文的深邃或深入探究一个问题的本质。这种现状已在无形中侵蚀着我们的认知能力，使我们的思维变得碎片化、表面化。因此，重拾深度阅读与思考的习惯（比如静下来找个机会读读这本书），已成为我们重塑思维、提升认知的当务之急。

6. 知识系统化的有效路径：笔记输出

阅读，实则是一个信息消费过程。

当我们沉浸在文字中，不仅在消费作者的思想和观点，而且在消费着文明的智慧和结晶。但这种消费行为所带来的快乐，往往是短暂且依赖于外部因素。为了将这份快乐延续并深化，重要的阅读之后还需经历两个环节：首先，通过阅读，我们需要将所获取的信息进行整合与梳理。这一过程如同将散落的珍珠串成项链，让每一颗珍珠都能够在整体中发挥其独特的价值。其次，认知输出，通过讲述、写作或实际应用等方式，将内化的知识外化为具体的行动和成果。这样，原本的消费行为就转变为了生产行为，我们在创造中体验着更持久、更深层的快乐。

记笔记，作为知识输出的一种重要方式，对于猎知的深化和拓展具有不可或缺的作用。这里的笔记并不仅限于读书的摘录，它还可以包括我们看文章、观综艺、聊天交流等各种场合下所获得的启发和感悟。

在具体操作中，可以使用INK笔记法来记笔记。

第一步，把笔记本分三个区，分别是INBOX、NOTE和KNOWLEDGE。

第二步，将一切想到的东西、看到的东西、有价值的东西记在INBOX上。

第三步，每天定时整理INBOX，将里面的内容通过搜索完善、延伸，整理成一条笔记，放入NOTE里。

第四步，每周定时，把所有相关的NOTE笔记，整理归入同一个主题，放入KNOWLEDGE。

比如，我们可以用INK笔记法为《不计较的勇气》做笔记。

Inbox（信息捕捉）：

- 书名：《不计较的勇气》
- 作者：岸见一郎
- 章节概要：

第一章：不断探索的“我”——思索人生的重要性。

第二章：驻足静思的“我”——明确个人价值观，过真正有意义的生活。

第三章：随时可变的“我”——生活的可变性，及改变生活的勇气与决心。

Notes（记下要点）：

- 第一章要点：

  人生是不断探索的过程，每个人的人生意义都需由自己去探索。

  思索人生的重要性：帮助我们活出自己的人生，而不是盲目跟从他人。

- 第二章要点：

  静下心来思考“什么才是对自己最重要的”，有助于我们过真正属于自己的有意义的生活。

  个人价值观的明确，是我们在忙碌和混乱中保持清醒的关键。

- 第三章要点：

  生活随时可以改变，关键在于我们是否有改变的意愿和决心。

  勇气是改变生活的关键，不要害怕改变，要勇敢追求自己想要的生活。

Knowledge（主题整合）：

- 这本书的主题是有关有意义的生活，并提供了指南。以后看到类似的书和观点，也可以放入这个主题。

通过 INK 笔记法，我们不仅捕捉了书中的关键信息，还整理了笔记并内化了知识。这种方法有助于更好地理解和应用书中的内容，提高阅读效果。在具体操作中，推荐使用 Onenote 等工具。通过这样的方式，原本零散的、似乎毫无关联的知识，得以在笔记中找到它们的归属地，并逐渐融入我们的知识系统，成为不可或缺的一部分。

也正是这一过程，赋予了这些零碎知识真正的价值。**它们不再是无根的浮萍，而是扎根于我们的知识系统中，为源思维提供源源不断的养分。**

7. 工作是最好的知识践行

一些自我提升类书，如《麦肯锡图表工作法》《高情商聊天术》等，书名就给人一种极具实操性的感觉。但是，当我们沉浸在作者的思考和引导中，误以为自己在这个过程中已经获得了成长，这可能只是一种自我欺骗的幻觉。

践行，乃是猎知之旅中的关键一步。犹如探险家踏上未知的土地，真正的成长并非纸上谈兵，而是要通过双脚去实地丈量，通过双手去亲自操作。阅读固然对猎知非常重要，但只有践行，才能让我们真正感受到智慧的跳动。

对于众多成年人而言，职场便是充满挑战与机遇的猎场。人生的成功或许如海市蜃楼般虚幻而难以捉摸，但职业的成功却如同山巅的旗帜，清晰可见。它以一系列客观的标准为尺度，衡量着我们的才能与努力。正因如此，职场成为检验猎知成果的最佳舞台。

然而，参与职场的意义远不止于此。**只有在社会群体的熔炉中，我们才有机会在知识与实践的循环往复中完成知识的系统化过程。**

因此，我认为，**无论身处何种境地，都不要回避在人群中工作的重要性。**这一点对于女性而言，显得尤为重要。工作，不仅仅是我们生活的一部分，更是我们认识自我，提升自我，实现自我价值的重要舞台。

捍卫爱情是否一定要放弃异地的工作

家庭与职场，虽然都是生活的重要组成部分，却存在着显著的差异。家庭，作为一个相对静态结构，其内部角色和职责往往随着时间的推移而逐渐固化。在这样的环境中，个体尤其是家庭成员中的某一方，想要获得晋升或改变既定地位的机会微乎其微。相比之下，职场则提供了一个更加动态和多元的晋升空间。在职场中，个人的能力、业绩和人际关系等因素都可能成为晋升的关键。这种晋升不仅意味着职位的提升和薪酬的增加，更重要的是，它能够为个人提供更广阔的发展空间和挑战机会，从而有助于个人应对未来的不确定性。

正因为家庭机会的有限性，许多人，特别是女性，在家庭中难以获得与职场相媲美的成就感。女性往往在家庭中扮演着照顾者、教育者和支持者的角色，这些角色虽然重要，却很难像职场成就那样被量化和认可。因此，这些女性的自我认同往往更多地源自她们在社会中的角色和职业成就。

在许多国家的离婚判决中，可以看到一种对家庭工作价值的认可——判决往往偏向在家庭中承担更多责任的一方，通常是女性。这是因为家庭工作的机会成本和风险相对较高：女性在为家庭付出的同时，往往牺牲了自己的职业发展机会和经济独立性。因此，在离婚后，许多女性不得不重新踏入职场，但由于长期脱离社会系统，她们在求职、技能更新和社交网络等方面都面临着重重困难。这也进一步强调了女性不应轻易放弃自己职业的重要性。

对于身处异地而相恋或者结婚的年轻人而言，维系感情的方式并非只有放弃工作去对方所在的城市这一种选择。事实上，这种做法可能会适得其反。没有稳定的事业作为基础，双方的感情可能会因为生活中的种种压力而逐渐消磨。即使身处不同的城市，现代通信手段和交通工具也为双方提供了多种方式来维持和提升感情的温度，他们可以保持紧密的联系并共同为未来的生活做准备。

因此，在面临家庭与职业的选择时，双方都应首先专注于当前应做好的事情。这不仅包括个人的职业发展和家庭责任，也包括为未来的家庭生活打下更稳定的基础。熬过这段充满挑战的时期，总会有新的解决方案和机会出现。

优质的感情不是放弃自我和工作，而是携手共进、共同成长。两个人都有自己需要完成的理想和事业，才让家庭更稳健。

8. 克服“局限循环”，产生认知复利

猎知的一个重要功能，是对偏见的克服。偏见，以及那些根深蒂固的执念，往往源于我们的无知。它们如同迷雾，遮挡了我们的视线，使我们在看待问题时失于片面。 事实上，在我们的认知世界中，大多数人都难以避免一种“局限循环”：

- 资源的匮乏导致认知的局限。
- 认知的局限塑造了性格的缺陷。
- 性格的缺陷最终又加剧了资源的匮乏。

这种循环仿佛一个无形的枷锁。特别是在求学时期，由于经济条件的限制和课程的紧迫，往往只能接触到有限的人和事物，这使得我们在踏入社会之前，就已经在资源和认知上存在一定的局限性。在社交领域，我们很在意的一些表现，比如；是否能够包容不同的意见，是否能够以更开放的心态去认识他人和自己，以及如何以更友善的方式表达自己和与他人相处，如果答案否定，则这些问题同样源于认知局限，它们在一定程度上限制了我们的人际交往和社会适应能力。

这种局限，会进一步阻碍获取更优质的发展资源，并陷入更大的恶性循环之中。值得庆幸的是，在大学我们将拥有一次难得的机会，可以通过大规模猎知去尽力缩小自己和他人在资源、认知、性格上的差距。所以，大学，不只是专业学习，更是通识学习。还是我那名优秀的学生（现在是优秀的创业者），他的人生就因为阅读

而改变。这是他讲述的故事：

阅读是我抵抗童年阴影唯一的药

童年的我心中笼罩着一层厚重的阴霾，这阴影源自奶奶的离世和家庭的贫困。在渴望寻找一条逃离这困厄生活的出路时，阅读成为我手中唯一能够抵御现实苦难的武器。

我蜗居在一间狭小破旧的屋子里，这便是我的家。尽管环境简陋，但我的内心世界却因为阅读而变得丰富多彩。我反复翻阅着《阿里巴巴与四十大盗》和《格林童话》等书，虽然数量有限，买不起更多的书，但这些故事在我心中留下了深刻的印象。美丽姑娘的长发从房间一直垂到窗外，装死的江洋大盗巧妙逃脱熊的追捕……这些情节至今仍历历在目。虽然书不多，但它们为我打开了一扇通向广阔世界的大门。

回首过去，那些书所描绘的世界或许显得有些局限，但在当时的我看来，那却是一个无比辽阔的天地，充满了新奇与探险的机会，远非我所处的冰冷小屋所能比拟。因此，我与书籍建立了深厚的友谊。

五年级时，有一次去语文老师家，临走时我瞥见课桌上有一本名为《启蒙》的书。内心涌动着强烈的借书欲望，却苦于没有勇气向老师开口。那一刻，我深切地意识到自己对书的渴望是如此强烈。在很长一段时间里，只有在阅读的时候，我才能感受到奶奶仿佛仍在身边陪伴着我，这或许是我寄托思念的一种方式吧。

到了六年级，父亲安排我寄宿在小学。那段日子里，最让我难以忍受的是每周五班主任当着全班同学的面催促交齐大米作为生活费。而我和另一名同学总是无法按时交齐。每到周五，我便开始感到坐立不安、紧张害怕，甚至恐惧这一天的到来。因为这让我意识到自己与其他同学之间存在着巨大的差异。

贫困给我带来了巨大的痛苦和不快，但父亲似乎并未察觉到我的心理变化。他从未认为贫困有什么了不起，毕竟他与我生活的环境不同。在他看来，贫困只是一个小问题，然而对我而言，它却是一种沉重的伤害。

然而在这种情况下，我为何没有被现实击垮呢？我想这可能是因为父亲给我灌输的一种思想在起作用。他总是教导我："学习向高处看，生活向低处看。"尽管当时我并不完全认同这句话，但当我与老师交流时却可以用它来掩饰自己的贫穷处境。令人惊奇的是，当我这样说时老师们都会称赞我，我发现原来父亲所教导的思想是能够得到别人认同的。大人们也会因此鼓励我坚持下去。就这样，在父亲的教诲和阅读的陪伴下我逐渐走出了困境。更重要的是，阅读教会了我用一种不屈不挠的生活态度，勇敢地面对生活中的种种挑战。

猎知，还能产生认知复利效应。以主题阅读为例，若将其视为生活中不可或缺的一部分，并持之以恒地坚持，那么在某一特定时期，这种坚持便会如同引爆点一般，彰显出巨大复利效应。许多人对于阅读的价值持怀疑态度。他们常常抱怨："读过的书很快就忘记了，阅读似乎并没有什么用处。"这种观点的产生往往源于主题阅读不足。当我们在某个领域的知识储备尚未达到临界点，便难以触及复利曲线的拐点，也无法体验到复利所带来的好处。

阅读一本书，所获取的知识点往往是孤立的，难以相互激发。随着阅读量的增加，当我们读过成百本书后，这些原本孤立的知识点便会逐渐相互链接，形成庞大的知识系统。这些知识点还会不断碰撞、融合，激发出新的知识和想法，使猎知的速度成倍提升。有时，我们会在工作或者思考的时候不经意间迸发出从未有过的灵感，甚至连自己都不知道这些灵感是如何产生的。这时便可以确信，这就是猎知复利在我们身上的体现。因此，在年轻且经济条件有限的情况下，**将可支配资金用于猎知，是最佳的投资方式。**

9. 传授是最好的学习方式

不管我们学到什么东西，都可以尝试把我们所知道的教给别人。不要陷入"听懂、看懂就是学会"的错觉之中。这其中的差距之大，就好比是下水道与亚马孙河的对比。真正的学会，是能够将这些知识内化于心，外化于行，不仅理解它，还能运用它，甚至将其传授给他人。每一次我们尝试将新学的知识转授给他人时，实际上都是在强迫自己从一个全新的视角去审视和理解这些内容。这个过程就像是一场内心的深度对话，既是对自我认知的拓展，也是对知识理解的升华。通过转授，我们不仅能够巩固和深化自己的理解，更能够在与他人的交流中发现新的思考维度和认知盲点，为了确保我们能有效地将知识传授给他人，需要在学习时提出系列问题：

- 如何用自己的语言重新阐述这个知识点？
- 它与我的哪些经验或知识是相关联的？
- 如何在实际生活中应用它？
- 该如何组织语言，才能让他人也能轻松理解？
- 如何找到与他人沟通的切入点，让传授变得更加顺畅有效？

以《非暴力沟通》这本书为例，如果我们看过以后要讲授给别人听，可以采取如下框架：

目标：选择《非暴力沟通》，帮助听众理解非暴力沟通的核心原则，并能够在实际生活中运用这些原则来改善人际关系。

步骤一：梳理书籍结构与关键内容

- 概述：《非暴力沟通》由马歇尔·卢森堡（Marshall B. Rosenberg）撰写，探讨了如何通过同理心和诚实表达来建立更深层次的人际关系。
- 关键点：非暴力沟通的四个要素（观察、感受、需求和请求），以及如何运用这些要素进行有效沟通。

步骤二：设计课程大纲与互动环节

1. **制定大纲：**根据书籍内容设计课程大纲，包括引言、主题部分和结论。

A. 引言：为什么需要非暴力沟通？

B. 非暴力沟通的核心原则与四要素。

C. 情景模拟与案例分析。

D. 如何在实际生活中运用非暴力沟通？

E. 结论与反思。

2. 增加互动：分组进行情景模拟，每组选择一个日常生活中的沟通难题，并运用非暴力沟通的技巧来解决。

传授，还包括将看到和听到的重新建构。比如，这是一个对当下流行的年度商业演讲的模板总结。如果能如此提炼，其实你自己也就能轻松运用了。

1. 开场与引言
   - 回顾过去一年的重要事件和趋势。
   - 引出演讲的主题和核心观点。
2. 宏观经济与社会趋势
   - 分析全球和中国的经济形势。
   - 讨论科技创新、产业升级等对社会的影响。
   - 探讨当前社会的热点话题和趋势，如环境保护、教育改革等。
3. 个人成长与发展
   - 分享个人经历和感悟。
   - 强调持续学习和适应变化的重要性。

4. 未来展望与总结

- 对未来进行展望，提出可能的发展趋势和机遇。
- 总结演讲的主要观点和启示。

10. 猎知力的关键变量：知识管理

知识管理，不仅是对知识的简单积累和分类，更是在知识海洋中游刃有余的艺术。其核心理念在于主动地、有意识地在不同的知识点之间编织起一张张逻辑严密的网络。每当心智触角触及全新的概念，大脑中的神经元便会如星辰般被点亮，与之相关的记忆和认知也随之被激活。这一过程，就如同在心灵版图上绘制出一条条鲜活的因果链条，将原本孤立的知识点紧密串联起来。

以“权力”这一概念为例：

权力首先体现为一种力量，即个人或组织对他人或其他组织产生影响的能力。这种力量可以来自资源、地位、知识、技能等多种因素，使得持有者能够影响他人的态度、行为和决策。

权力还表现为一种控制和支配的能力。持有者可以通过各种手段，如规则、制度、暴力等，来控制和支配他人的行为和决策，使他人处于服从地位。

权力通常与资源分配和决策相关。持有者可以决定资源的分配方式和使用目的以及制定和执行政策、法律等决策。

在我们深入探究并真正理解权力的含义之后，视野会豁然开朗。那些过去看似杂乱无章、毫无关联的现象——职场上的欺凌行为、情感关系中的操控手段（PUA）、家庭环境中父母的威压统治等，都将在这个全新的认知框架内找到共通的脉络和解释。我们不仅看到了这些现象之间的联系和共性，而且看到了它们背后的深层结构和运作机制。这些场景其实都发生在各种权力的迷宫中：职场上的欺凌行为，权力像是一只怪兽，潜伏在办公室的阴影里；情感关系中的 PUA 手段，权力像是一种精心设计的魔法，让受害者在不知不觉中陷入其中；家庭环境中父母的威压统治，权力像是一座坚固的城堡，将孩子牢牢地困在其中……这种深入的理解让我们意识到，**权力不仅是一种外部的统治和控制力量，而且是一种内心的束缚和枷锁**。而随着这一认知的转变，我们对这些现象的看法和理解也将发生深刻的变革，它们不再是孤立无援的个案，而是相互联系、互为印证的权力运作的案例。这种全新的理解不仅让我们对世界的认识更加通透，也为我们提供了分析和解决这些问题的有力工具。再假设下，如果你知道现象背后的权力之幕，又怎么会容易被它们击碎自我？这，也是源思维的力量！

当我们深入学习某个领域的知识时，往往会触发对其他领域的探究欲望。比如，在研究社会心理学的过程中，可能会被引导着去探索传媒学的奥秘；而在沉浸于历史的长河中时，或许会对某个特定时期的经济政策产生浓厚的兴趣，比如唐朝的租庸调制。这种跨学科的链接不仅丰富了我们的知识体系，更让我们在思考问题时拥有了更加广阔的视野和更加多样的角度。

人们时常以自嘲的方式回忆高中时代，那时的我们仿佛无所不知、无所不能——能够熟练解答复杂的三角函数问题，深入阅读并理解晦涩难懂的文言文，精准区分和运用各种情态动词与虚拟语气，甚至能绘制出详尽的全球大气环流图。令人唏嘘的是，随着岁月的流逝，曾经那些引以为傲的知识和技能似乎逐渐从我们的记忆中消退。以至于在面对孩子的一道二元二次方程时，竟然感到束手无策，仿佛那些年的学习成果在一夜之间化为乌有。难道我们的大脑真的像一个漏水的容器，无法长时间储存知识吗?

其实，问题的根源并不在于大脑的存储能力，而在于我们对待学习的方式。学习并不是简单地将知识“下载”到大脑中，然后期待它们能够永远保持不变。相反，**学习是一个动态的猎知过程，需要我们不断地在已有的知识之间建立联系，形成一个庞大而复杂的知识系统**。在这个系统中，每一个知识点都像是一个节点，而它们之间的联系则像是一条条道路。当需要调用某个知识点时，大脑会沿着这些道路进行搜索和定位。然而，如果某个知识点的链接过少，那么它在大脑中的“可见度”就会降低，从而导致我们难以快速准确地回忆起它。这就像是我们忘记了某个银行账户的密码和账号，无法访问其中的存款一样。更严重的是，如果长时间不使用这个知识点，那么它与其他知识点之间的联系可能会逐渐断裂，最终导致我们彻底遗忘它。这就像是我们不仅忘记了存款的密码和账号，甚至连银行的名字都记不起来了。

在具体操作过程中，有两种具体方法可以进行知识管理。首先，我们可以用知识四象限模型将自己需要用到的知识大致分类:

知识四象限模型

- **描述**：将个人知识分为四个象限：知道自己知道的（已知）、知道自己不知道的（自知未知）、不知道自己知道的（潜在已知）和不知道自己不知道的（未知未知）。

- **实施步骤**：

1. 对个人知识进行自我评估，确定每个象限的内容。
2. 专注于从“自知未知”象限获取知识，填补知识空白。
3. 通过反思和交流发现“潜在已知”象限中的知识。
4. 接受“未知未知”的存在，保持开放心态和学习态度。

然后，通过 Zettelkasten 方法聚焦，并建立每个象限板块内部和象限之间的知识联系。

Zettelkasten 方法（卡片盒法）

- **描述**：Zettelkasten 是一种基于卡片的知识管理和写作方法，强调知识的原子性和关联性。

- **实施步骤**：

1. 使用单独的卡片记录一个想法、引文或知识点。
2. 为每张卡片分配唯一的标识符，并建立卡片之间的链接。
3. 定期整理和重组卡片盒，形成层次结构和主题集群。
4. 通过重组卡片来构建文章或项目。

- **优点**：促进知识的模块化和复用，提高创造性和效率。

因此，对于每一个接受过多年正规教育的人来说，建立一个完善的知识体系是至关重要的。这个体系不仅能够帮助我们更好地理解和掌握知识，还能够提高思维能力和解决问题的能力。而工作之后的“终身学习”，则是对这个体系不断进行维护和升级的过程。通过不断地学习新的知识和技能，我们可以在原有的知识体系上增加新的节点和道路，从而使其变得更加复杂和完善。

11. 猎知力的关键切口：疑问清单

你是否善于提问？在猎知过程中，**一个恰到好处的问题往往比答案本身更具价值**。想象一下，在日常的工作或学习中，突然有这样一个问题摆在你面前：“为何你与他付出了同等的努力，他却能更快地取得进步？”

这个问题一定会像一道闪电，瞬间点亮我们思维中的盲区：

是不是我们的学习或工作方法存在某种误区？

又或者，我们是否一直陷入了一种虚假的忙碌之中，而忽略了那些真正能够产生效果的关键行动？

接下来，我们应该如何调整策略，以便更有效地迈向目标？

同样是提问，不同的人却往往收获迥异的结果。有些人能够迅速获得满意的答案，有些人却总是在提问的迷宫中徘徊，无法得到自己想要的答案，甚至可能因此而招致被问者的厌烦。例如，当我们提出这样一个问题：“我应该如何推广我的产品？”时，如果没有提供足够的问题背景和市场信息，被问者往往会感到无从下手。因为缺乏具体的情境描述，他们很难仅凭这个问题就给出切实可行的解决方案。

因此，**学会提问不仅是一门艺术，更是一门科学**。我们需要学会如何构建清晰、具体、有针对性的问题，以便更有效地引导被问者给出我们想要的答案。同时，我们也需要学会如何从被问者的回答中挖掘出更深层次的信息和见解，从而不断推动思考实质性深入。

为了更有效地提出问题并获得所需答案，可以从两个方面进行探讨：**一是何为优质问题，二是如何提出问题**。

首先，需要明确什么样的问题才能被称为优质问题。在寻求他人帮助或自我反思时，只有明确了优质问题的标准，才能更精准地获取所需答案。以下是优质问题的五大特征：

1. 避免提问搜索引擎能解决的问题。例如，“如何注册微信公众号？”这类问题，通过搜索就能找到答案。因此，在提问之前，应该先尝试自行搜索解决问题，节省他人时间。
2. 提供充足的相关背景信息。一个好的问题应该包含足够的上下文信息，以便被问者能够更理解问题并给出答案。例如，在询问如何让孩子喜欢学习时，应该提供孩子的兴趣爱好、过往尝试的方法等信息。
3. 使用清晰、具体的词句。避免使用模糊、有歧义或难以理解的词句，以确保被问者能准确理解我们的意图。例如，“怎样才能成为一个成功的人？”这里“成功”一词就具有多种定义，因此我们应该尽量具体化，如“怎样才能实现月入过万？”这样的问题就更具体、更易于回答。
4. 提问要合时宜，问对人。在选择提问对象和时机时，应该充分考虑对方的专长、空闲时间以及场合等因素。例如，在请教他人时，应该选择对方空闲且愿意回答的时间进行提问，这样既能保证问题得到解答，也能避免打扰对方。

5. 明确提问目的。在提问之前，应该明确自己的目的，这样才能更准确地提出问题并获取所需答案。例如，在询问如何学习文案时，我们应该明确自己的学习目的是产品推广、职业发展还是兴趣爱好等，这样才能得到更有针对性的解答。

其次，如何提问，才能更好得到想要的答案？

在明确以上主要的注意点和好问题的提问原则后，我们要用什么样的方式去提问呢？根据不同的情况，可以采取以下三种常见的提问方式：

1. 封闭式提问

当我们有了几个选择，但是很难确定哪个选择更好。在想得到明确答案的情况下，可以采取封闭式提问。

这里分享的封闭式问题，更多偏向选择形式的问题。

比如，“你大学毕业后，是去北京还是广州、深圳发展呢”？

这种封闭式的提问方式，可以帮你明确答案。

2. 开放式提问

当我们想要更好地了解他人想法，或者想要更好地知道某个人对某个问题的真正看法时，可以采取开放式的提问。

开放式的提问和封闭性的提问刚好相反，没有固定的标准答案，类似填空题。（和常见的考试填空题不一样，因为考试很多填空题基本固定了答案）

比如常见的访谈节目，主持人大多数就是采取开放式提问。当我们需要较深入了解某个人或者某个想法时，采取这种开放式的提问方式可能更合适。

3. 追问式提问

当我们遇到复杂情况或者自己也不知道真正的问题是什么，这种情况下就最好采取追问式的提问方式。追问式就是通过层层递进式的提问，以求寻找最核心的问题，再进行问题的解决。不管是自问还是作为营销咨询师的角色来解决这个问题，采取追问式提问或许是更合适的方法。连续追问 5 次，可能就能找到关键问题。

比如，企业出现了一个销售问题，公司高管觉得是销售人员的能力问题，需要改进型的培训，就找到了商业咨询师，想请他办一个培训班。这位咨询师没有一上来就答应，因为他觉得销售人员可能不是问题的根源所在，需要先找到最核心的问题，才能更有效地解决问题。

于是，他采用了追问式的提问，问了销售主管五个问题：

（1）为什么你在全球市场都成了领先者了，还需要培训呢？

——因为需要不断提高销售人员的能力。

（2）为什么需要提高销售能力呢？

——这样的话，销售人员在开发新客户方面更有效率。

（3）为什么需要增加新客户的开发呢？

——因为现在的客户不足以支撑公司的增长目标。

（4）为什么不能让客户增长得更快呢？

——我们会有20%的客户流失。

（5）为什么客户会流失？

最终，公司发现自己的产品质量和物流速度有问题，导致了客户流失。

所以，通过追问式提问方式，把一个看似复杂的难题变成了简单的问题，更有效地解决了该问题。即使我们没有很高超的剖析问题能力，但通过这种追问式提问方式，可以让复杂的问题得到更核心的呈现，让我们更有效地解决。

提好问题或经常问自己一些好问题，是促使个人或公司成长的有效方式。

正因如此，猎知力的真正意义，并非只是取得成就，更在于通过知识的系统化，用知识创造知识而赋予我们内在的力量，使我们在陷入困境时，还能重新振作。这也是我在人生低谷中的感悟。如同良驹蓄势待发，弓已满弦，内心充满力量的人不会长久深处困境！

专业力：将职业转变为事业

1. 在特定领域中具有竞争性的能力

专业是指在特定领域中具备竞争性的状态，而**专业力则是指在特定领域中所展现出的具有竞争性的能力**。这种竞争性往往由众多特质所构成，这些特质相互交织，共同塑造了一个人在特定领域中的独特地位。竞争性可以表现为一种明确的技能，如精湛的技艺或深厚的专业知识，也可以表现为难以言传的素养，如卓越的领导力或敏锐的洞察力。

每当我们想起这个人，首先浮现在脑海中的往往是关于他的一个核心标签。这些标签不仅是对他们个人特质的精准概括，更是其核心竞争力的直接体现。当我们喜欢一个人时，往往也是因为这个人所展现出的特质吸引了我们。这些个人特质不仅是其个性的一部分，更是他们个人标签的重要组成。比如：

钱学森：“火箭之父”。钱学森是中国航天事业的奠基人之一，他在空气动力学、航空工程、喷气推进等领域做出了开创性贡献，这个标签凸显了他在中国航天领域的地位和影响力。

霍金：“宇宙之王”。虽然霍金身体残疾，但他在理论物理学和宇宙学领域的贡献举世瞩目，这个标签彰显了他对宇宙探索的卓越贡献。

马斯克：“创新企业家”。马斯克因其创立的特斯拉、SpaceX等公司及其在电动汽车和太空探索领域的创新而备受瞩目，这个标签突出了他作为企业家的远见和冒险精神。

标签往往与我们此前提到的理想息息相关，或者说，**个人标签是我们在实现理想过程中所形成的并被认同的个人特质**。在互联网社会中，我们经常看到这种个人标签可以打造，并因此而成为流量之源。比如：

李子柒：“东方美食艺术家”。以其精致的古风美食视频和田园牧歌式的生活方式而著称，视频在国内外都受到关注。

疯狂小杨哥：“搞笑短视频达人”。以其幽默风趣的家庭搞笑短视频而受关注，内容多涉及日常生活场景和趣味互动。

何同学：“科技测评达人”。以其深入浅出的科技产品测评和独特的视频风格而受到年轻人的关注。

对大多数人来说，在尚未明确职业方向的时候，主要任务就是寻找并塑造个人标签。这个过程需要经历三个关键步骤：

- 首先，在自我认知的基础上建构自己的标签。
- 其次，通过不断的实践和反思使这些标签逐渐清晰化。
- 最后，通过积极的自我展示和沟通，让别人了解并认可我们的标签。

在这个过程中，我们也需要不断地探索、尝试和调整，以找到最适合自己的职业方向和发展路径。很多时候你可能会感到迷茫，不知道如何寻找自己的标签。这时，也可以运用反推法来帮助自己找到答案。想象一下，当别人谈起你时，首先会用哪些关键词来描述？这些关键词很可能就是我们的核心标签。通过这种方法，可以更客观认识自己。

人生活在社会中，我们的行为及其结果不仅取决于自身的内在能力，还更多受到外部环境和他人的影响。因此，需要让他人认识到我们的标签，并建构出与标签相符的印象。如此当有机会来临时，才会让人意识到你与这个机会的匹配。特别是在今天，视频已经成为一种主导的传播方式，每个人作为独立的个体，都需要且能够展示这种标签。而打造标签的要点就是：深耕自己，不断学习和提升专业知识和技能，同时展示自己的独特魅力和价值。

2. 通过外部链接规避短板的潜在风险

我们都耳熟能详“木桶理论”。从小老师便不断强调，木桶的容量取决于最短的那块木板，意在告诫不可有任何一门功课的短板，必须全面发展，均衡提升。若有短板，则必须及时补足，以免拖累整体表现。显然，这种教育方式存在问题。每到招聘季节，众多学生怀揣着对美好工作的向往和追求去求职，但他们中的许多人却对自己的职业目标感到迷茫。这很大程度上是因为他们在求学阶段没有意识到磨炼自身长板的重要性，没有明确自己的职业发展方向。

在面对自身发展的选择时，人们常常会陷入两难境地：究竟是应该花费宝贵的时间和精力去弥补自身的弱点，还是应该将这些资源专注于我们热爱且已经擅长的领域？事实上，弥补弱点往往是一项吃力不讨好的任务。人的时间和精力都是有限的，而弱点往往又如同无底洞一般，需要不断地投入才能看到些许的改善。在很多时候，即使我们付出了巨大的努力，也可能只是让弱点变得不那么明显，而远远无法达到优秀的水平。

于是，在职业发展的道路上，“新木桶理论”为我们提供了一种更加明智的选择。想象一下，一个木桶，如果将其倾斜放置，那么最长的那块木板便成了木桶的新底边。此时，木桶依然能够盛放大量的水，而短板的存在并不会对木桶的容量产生太大影响。这正如我们的职业发展，不必过分拘泥于那些短板，而应该更加注重发挥自身的长板优势。**大多数人都应该将时间和精力集中在那些热爱且擅长的领域，不断地打磨、提升自己的长板**。当然，这并不意味着可以忽视短板的存在。更可行的路径是，通过外部链接来弥补短板的不足。即，寻找那些能够与我们形成互补的合作伙伴，**不是自己解决短板，而是通过外部链接规避短板的潜在风险**。

另一方面，为了让长板变得更长，必须坚定不移地投身于那些能够产生累积效应的事业之中。这意味着，需要有意识地选择那些可以随着时间的推移而不断增值的工作或学习习惯；唯如此，长板才能在日复一日、年复一年的坚持与努力中，逐渐变得更长、更坚实。同时，我们也需要定期思考：

- 五年前学的知识和做的工作是否对今天的我们有所帮助？
- 今天付出的努力和学习是否能为五年后的我们奠定基础？

真正的价值往往来自长期的积累和系统的构建。就像乐高玩具一样，单独的一块塑料片可能价值微不足道，但当一千块塑料片组合在一起，形成一个完整的系统时，其价值就会呈现出几何倍数的增长。选择短板无疑是在拖后腿，它不仅会让我们的出发点变得更低，还会在未来的道路上布满荆棘。

大部分人都会拥有一份工作，然而，真正实现专业化的却只是少数人。是什么阻止了我们迈向专业化的道路呢？这里的关键在于我们是否能够从所从事的职业中获得内心的满足和尊重。这种满足和尊重，源于我们对职业的认同和热爱，也源于我们所能感知到的职业的社会价值。因此，要找到职业的尊崇感，需要将视野放宽，从社会的角度去审视和理解我们的职业。每一份工作，都有其独特的社会意义，都有可能为社会的进步和发展做出贡献。当我们意识到这一点，并将自己的职业视为实现社会价值的一种途径时，**工作就不再仅仅是一份工作，而是一份事业。**

3. 做好被安排的事是日常生活的深耕

在生活中、在工作中，我们经常会因为各种角色而被安排做各种各样的事情。在有限的时间和精力约束下，有的事情确实可以拒绝；有的事情虽然或许并不是我们想要做的，但如果能够转变思维方式，将这些被安排的事情看作是一个学习的过程，或许能够从中发现无可替代的启示和收获。

认真去做一件被动安排的事，才是避免时间浪费的最好方式。事实上，我们认真去做的每一件事情都会对成长产生影响。如果能够认真对待这些被动的事情，尽全力去做好它，那么收获将会非常丰富。如果只是敷衍了事，那才是浪费时间。我经常对学生们说，当其他人请你们帮忙做事时，这首先是对你们能力的一种信任。因此，应该珍惜这种机会，尽力去完成并寻找到新的体验。唯有如此，才能抵抗可能因此而浪费的时间。

正如前文提到，这本书的写作，就源自我为初中生所做的那次演讲《思考点亮心中的灯》。我在此前从未给初中生做过演讲，因此我将这当作一次学习。我投入大量的时间和精力去翻阅各种书，希望这次演讲能对他们有用。虽然这场演讲看似与我的主业并不直接相关，但它们却为我打开了另一扇认识世界的窗户，也让我对教育有了更加丰富和深刻的理解。

4. 擅长到极致就能撬动专业杠杆

专业杠杆是指比优秀更优秀一点，回报就会呈数量级增加。这种杠杆效应，就像是无形的放大器，进一步拉大了优秀者与平庸者之间的回报差距。在充满杠杆效应的时代，无论身处哪个领域，将专业推向极致都显得尤为重要。选定了一个方向，就要全力以赴。对于大多数人来说，职业生涯并非一成不变。我们可能会在不同公司、不同岗位之间跳槽。然而，无论工作岗位如何变换，保持职业技能的聚焦都是关键。无论是从事人力资源、财务、设计还是销售、行政等职位，我们都不可能做到面面俱到。特别是在职业生涯的早期阶段，更应该选定一两个专业领域，努力精通，做到专业。

在提升职业技能时，不仅要注重深度，还要关注广度。深度是指从早期部分负责一个业务，到逐渐能够独立承担一个简单的业务，再到最终能够独当一面，负责复杂的业务。通过这样的历练，可以逐步成长为资深专家或者管理者。而广度则意味着在精通本职工作的基础上，适当拓展自己的技能边界。例如，一个资深的文案策划，可以尝试发展活动策划、品牌公关等相关技能，从而提升自己的综合竞争力。举例而言，一家公司的老板，现在需要招聘一名新媒体运营人员。在面试过程中遇到了两位候选人。其中一位既可以撰写优质的内容，又能够策划吸引人的活动，还会一些基本的设计软件操作；而另一位则只擅长单一的文案写作或者活动策划。在相同条件下，无疑会更倾向于雇佣前者，因为他具备了更广泛的技能和更强的综合能力。

这是一位技术专家的故事：

如果花5年就可做专家，为什么不去做？

25岁那年，我从A公司辞职后加入了B公司。在那里，我有幸结识了当时身为架构师的一位同事。与他的一次对话，彻底改变了我的职业发展轨迹。仅在三年时间里，我就从一名普通的程序员晋升为别人眼中的技术大咖。

那时因业务需要，他对我说了这样一番话："如果你用五年的时间专注学习数据库，有没有信心成为这个领域的专家？"我回答道："应该可以吧。"他继续激励我："你现在才25岁，五年后也才30岁。想象一下，在30岁时就能成为某个领域的专家，这是多么了不起的事情。看看周围，有多少人到了30岁还一事无成，而那时你已经是数据库领域的专家了。"

此时我刚进入令人羡慕的BAT企业，内心浮躁。虽然每天都在学习，但效果并不明显。今天想学大数据，明天又想学云计算，后天又想研究机器学习，总是三心二意，对未来充满了迷茫。如果继续这样下去，我可能只是在百度混日子，领工资而已。

幸运的是，他的话点醒了我，让我找到了自己的技术发展方向。我下定决心专攻数据库领域，并相信自己能在五年内成为该领域的专家。我从《高性能MySQL》开始，逐步攻克每一个知识点。除了完成日常工作外，我还利用业余时间进行模拟数据、性能优化、阅读源码和学习官方文档等。我经常学习到凌晨两三点，为了获得与生产环境相近的高性能数据库，我在不到一年的时间里投入了一万多元。

付出终于得到回报。在深入研究一年多后，我重构了当时项目的整个数据层。经过半年多的努力，整个系统在不增加任何资源的情况下，负载降低了约 40%，效果非常显著。这次重构让我在公司内部的影响力逐渐提升，后来被借调到其他部门协助进行性能优化和系统设计。我还在公司内部进行了技术分享，进一步扩大了自己的影响力。与此同时，我的个人收入也逐年递增，工资和年终奖都在不断上涨。在 B 公司达到 T7 的级别后，我决定回到其他城市发展，拿到了 D 公司的 offer，待遇比在北京时还要好。这算是我从一线城市到二线城市的平稳过渡了。

回想起来，我是幸运的。在职业生涯初期就遇到了正确的人，学会了正确的方法。这使得我在学习新技术和进入新领域时都能游刃有余。

5. 强化“去平台能力”

在探讨专业与竞争性的根源时，不可避免要提及“能力”。能力可细分为多种类型，比如“平台式能力”与“去平台能力”。

平台式能力，是依赖于特定的公司、组织或岗位而得以展现的能力。在这种能力的支持下，个体可以在特定的环境中游刃有余地完成任务，创造出瞩目的业绩。然而，这种能力的局限性也在于它的依赖性。一旦离开了原有的平台，这种能力往往就会大打折扣，甚至完全失去作用。因此，我们可以说“平台式能力”是一种“寄生性”的能力，它的存在和发展都离不开特定的环境。

一个优质的平台无疑为我们提供了丰富且有形无形的资源和机遇。这些资源和机遇在多个层面上展现出其独特价值，对个体成长和发展产生影响：

首先，好平台拥有成熟的管理体系和流程。对于初入职场的人来说，这意味着可以直接接触到规范的工作模式，避免了在迷茫和不知所措中浪费时间。更重要的是，这些成熟的管理体系有助于培养良好的工作习惯和思维方式，为未来的职业发展奠定基础。

其次，好平台尤其是顶级平台汇聚了充足的资源和广泛的人脉。这些资源包括资金、优秀的供应商、合作伙伴以及高质量高能力的同事。在这样的环境中，个体可以更加容易地实现自己的创意和目标，因为强大的资源支持使得许多原本难以达成的事情变得触手可及。这也是为什么想要在某个行业大展拳脚的人都会选择进入该行业的顶级平台。

此外，好平台还能为个体提供良好的信用背书。一个好的平台本身就是口碑和品牌的代名词。在这样的平台上工作，个体不用过多自我宣传，就能自然地被贴上“有能力”的标签。这种信用背书在竞争中具有极大的优势，因为它能够轻易地碾压其他缺乏平台支持的竞争者。

但我们也要认识到，好平台虽然带来了诸多优势，却也可能让人产生一种错觉，即误以为公司的资源就是个人的资源。一个朋友在四大银行之一担任客户经理多年，业绩斐然。当他跳槽到一家地方性银行担任业务副总时，却发现原来的客户关系几乎无法发挥作用。事实上，离开了平台，你可能会发现自己曾经轻易调动的资源突然变得遥不可及。

与“平台式能力”相比，“去平台能力”则显得更加自主。这种能力虽然也是在平台的基础上建立起来的，却能够在脱离平台后依然保持其有效性。我们可以将“去平台能力”视为一种内生性能力。

“去平台能力”跨越了行业的界限，挣脱了职位的桎梏，成为一种可以自由迁移、灵活运用的强大力量。这种能力不仅能够帮助我们针对当下工作取得成功，还能够在未来为我们提供持续支持。所以，不要迷失在平台的地位中，而是要着重借助平台淬炼自己的“去平台能力”。

6. 兴趣可以转变为专业

如果随机问许多人：“你有什么兴趣爱好？”大概会得到五花八门的答案：唱歌、跳舞、阅读、书法、绘画、旅行……他们如数家珍，似乎样样都爱，然而细细追问下去，却往往发现他们实际上并没有哪一样是真正精通的。

这其实并不奇怪。在信息爆炸的时代，我们总是被各种各样的新鲜事物所吸引，想要尝试的东西太多，以至于很难专注于某一件事情，更别提将其学到精通了。然而，生活的真相是，我们并不需要精通那么多东西。有时候，只需要把其中的一两样学到精通，就足以成为生活的保障和立足之本。

一个学生曾经对舞蹈情有独钟，投入了大量的时间和金钱去学习，但最终发现自己并没有这方面的天赋。在经历了一番挫折后，她决定放弃舞蹈，转而专注学习瑜伽。她不仅仅满足于掌握几个瑜伽体式，而是全面系统学习瑜伽的教学方法和理念，成了一名优秀的瑜伽教练。现在她在事业单位工作的同时，还兼职做瑜伽教练、投资健身房、开设瑜伽馆，副业带给她的收入甚至超过了主业。只要我们能够在某一领域或某一爱好上投入足够的时间和精力，将其学到精通，就有可能将其转化为收入来源。

这和里德·霍夫曼（Reid Hoffman）在《至关重要的关系》一书中所提出的ABZ法则一样：

> A计划代表目前主要的收入来源和工作。这通常是我们现在正在从事的。比如，一个软件工程师在一家科技公司担任开发工作，这就是他的A计划。
>
> B计划则是一个替代性的工作或职业发展方向。它代表了我们喜欢且未来可能有巨大发展潜力的业余爱好或事业。这个计划通常在我们需要做出职业转变或者想要追求更多机会的时候被激活。例如，软件工程师可能同时对人工智能充满热情，并在业余时间学习相关知识和技能。如果他决定追求这个方向，那么他的人工智能技能和项目就可能成为他的B计划。
>
> Z计划是我们的退路，或者说是安全网。它保障我们在最糟糕的情况下依然能够生存。这通常包括一笔至少能保证我们生活3到6个月的资金储备，或者其他可以为我们提供基本生活保障的资源。

兴趣，常常被我们视为生活调味品的存在，但它其实隐藏着潜力，能够为我们打开一扇通往被动收入的大门。在这个内卷时代，除了少数创业成功者和一部分在体制内安享稳定生活的人外，大部分普通人在步入40岁之后，都会遭遇各种人生危机：工作瓶颈、事业停滞、财务困境……这些问题如同潮水般汹涌而至，让人应接不暇。尤其是这几年，疫情像一场突如其来的风暴，打乱了许多人的生活节奏：一旦停下脚步，收入就会随之消失；一旦失去工作，生活就会陷入困境。因此，在主动收入能够满足基本生活需求的情况下，必须学会寻找和创造被动收入。

被动收入是那些即使你停止工作、去旅行、生病或年老时，仍然能够持续产生的收入。比如你创建的企业、撰写的书、开发的线上课程、经营的自媒体频道、出租的房产，以及银行里的存款和理财产品……这些都是被动收入的来源。它们可能与你的工作相关，也可能仅仅源于你的兴趣。因此，重新审视自己的兴趣，思考如何将兴趣打磨成一项技能或特长，进而将其转化为具有市场价值的产品或服务。在流量时代，这越来越具有可能。

7. 基于结果导向快速掌握技能

技能，作为能力的重要组成部分，是指通过反复练习而形成的特定动作方式、动作系统或智力活动模式。这些技能，如驾驶、编程、演讲、写作、软件操作、教学技术等，构成了我们在不同领域内的能力基础。它们是我们与世界互动、实现目标的重要工具，也是专业化的体现。

在彼得·德鲁克（Peter F. Drucker）的经典著作《卓有成效的管理者》中，有这样一句话："要让生产率最大化，就要以成果（也就是工作的输出）为核心，而不能以技能或知识等的投入为出发点。技能、信息、知识只是工具。"这句话揭示了技能学习的本质：技能本身并非目的，而是达成目的的手段。无论我们投入多少时间和精力去学习和提升技能，最终都要以能否产生实际成果为衡量标准。

基于这样的认识，**我提倡以结果为导向的技能学习**。这种方法强调在学习技能时，应始终以最终想要达到的结果为核心目标。即使在一开始并不清楚具体的结果会是什么，也可以通过设定阶段性目标来逐步接近最终的结果。以学习吉他为例，如果你的目标是在学校的晚会上演奏一首暗恋女生喜欢的歌曲，并希望通过这种方式赢得她的青睐，那么就没有必要从学习五线谱开始系统地学习吉他。相反，你可以直接从学习那首歌曲入手，通过反复练习和模仿，逐渐掌握演奏该歌曲所需的技巧。

这种方法可能会给人一种"空中楼阁"的感觉，因为它似乎忽略了技能学习的系统性和基础性。但是，在某些情况下这种以结果为导向的节能学习方法能够给人以强大的精神动力，激发学习热情。当你明确知道自己为什么要学习某项技能，并且每一点进步都能让你离目标更近一步时，你会更加有动力去克服学习中的困难。

8. 写作是实现专业化的重要路径

写作是让我们更专业的必由之路，也是我们与世界深度对话的重要桥梁。每当你获得某种体会，不妨尝试以写作为输出方式，都可成为分享写作的舞台。

写作的意义何在呢？首先，写作是实现知行合一的有效途径。通过书写，我们将脑海中的想法和现实世界的行动相结合，赋予知识以实践的力量；其次，写作是个人标签构建的过程。在文字的世界里，我们吸引同频之人，或启发他人思考，如我的某个观点或许能触动他人心弦；再者，文以载道，这是古代文人墨客一直追求的高尚目标。写作不仅是为了自我表达，更是为了传递智慧。无论为谁而写，在书写的过程中，都在传播自己的见解，尤其当这些观点具有价值时，我们更为它们能影响更多人而感到欣慰，这对阅读者而言也是一份宝贵的收获。

鲁迅曾言："我的文字就是刀枪，刺向反动派。"文字的力量由此可见一斑。写作是一种有力量的表达方式。**写作的过程就是一个知识的自我生产过程**，在这个过程中我们从知识消费者转变为知识生产者。写作使我们增加了思考的时间，对问题的观察变得更加具体细致。我们开始重新认识事物并借助模型（比如源思维）来深度思考。

例如，一家公司招聘，在众多求职者中，唯有一位在兴趣爱好一栏附上了自己的读书心得链接。虽然其博客粉丝寥寥，却已积累了八百余篇文章。对公司而言，这是最有力的证明：你的实力和努力，都通过文字得以展现。持续输出五年，这便是你最好的作品。

在短视频盛行的时代，写作的重要性依然不减，这是因为：

1. **深度表达与思考**：短视频往往以碎片化、娱乐化的形式呈现，难以承载深度内容和复杂思考。而文字写作则能够提供更深入、更系统的表达方式，让阅读者在沉静中思考、领悟。

2. **长期价值与沉淀**：文字作品具有长期保存和反复阅读的价值，能够随时间沉淀下来，成为知识库或文化资产的一部分。而短视频的流行往往具有时效性，难以长期留存。

3. **辅助视频内容**：即使在短视频中，文字也扮演着重要角色。标题、字幕、解说词等都是文字在视频中的具体应用，它们能够增强视频的表达力，帮助观众更好地理解视频内容。

写作，**不仅是对思想的梳理和表达，更是一场心灵的深耕细作。**在这个过程中，我们的思维得以拓展，广度与深度不断得到增加，每一次的突破都带来成长的喜悦和乐趣。这种由内而外的蜕变和进步，是那些碎片化阅读和短视频所无法企及的境地。

9. 专业力的关键变量：技能管理

专业力的培育，其核心在于技能管理。一个人如果拥有扎实的技能，并能将这些技能巧妙地构建为个人特色标签，持续对外输出，那么便会在公众视野中逐渐塑造出该领域的专家形象。这一过程可具体细化为以下几个步骤：

首先，明确发展路径，善于借鉴前人总结的宝贵经验。在涉足新领域之初，我们往往感到迷茫和无措，此时，投资购买优质书、访问专业论坛或问答网站，搜索该领域的学习路线图，就显得尤为重要。这些精品文章不仅为我们提供了快速了解该领域的捷径，还详细指导了如何在这个领域稳步成长，甚至有些资料都被整理得井井有条，只需我们轻轻一点赞，便可轻松获取。这无疑是一种性价比极高的方式，帮助我们迅速掌握本领域的成长脉络。

当我们想要探索的领域较为冷门，或是已跨越中级阶段正向专家层次迈进时，系统性的前进方向往往难以寻觅。面对这种情况，可以尝试请教该行业的专家或高手，让他们指点迷津，必要时可支付咨询费用以获取他们的宝贵意见。如果无法与专家取得直接联系，还可以搜集他们的相关资料、发表的文章或演讲，通过观察和模仿他们的行为来提升自己的专业技能。**复制专家行为的方式，被证实为一种行之有效的快速成长策略。**

其次，识别并细化目标技能，将复杂且需长期训练的技能分解为若干个子技能。在掌握了基本的前进路线后，应根据自身实际情况对其进行调整，以确保其更加符合当前的需求和水平。更重要的是，需要对技能进行细致的分解，将那些看似庞大难以攻克的技能逐一拆解为耗时较短、易于练习的子技能。

比如，我们经过分析发现，要成长为一个优秀软件专家，需要以下技能。从中，我们发现编程能力是核心能力，但这个能力也太广泛了，如果把它设定为练习的目标，一下难以达到，无法具体实施，所以我们还可以继续分解。

看到“编程能力”的第一项“开发工具使用纯熟度”，很多人就会眼前一亮，开始觉得有方向也有信心了。此时可以设定一个1—2 月的刻意练习计划，专门练习该项目，让开发工具使用纯熟度迅速提升。

最后，审视并反思自己当前的工作是否需要进一步的训练。对于明确的大方向，可以运用上述方法来确定刻意练习的目标。但值得注意的是，我们往往容易忽视那些日常工作中看似微不足道的小事情。实际上，这些小事情经过刻意的训练也能产生巨大价值。然而，由于我们习惯了它们的存在，导致忽略了对它们的训练。例如，眼神交流这样看似简单的动作，却蕴含着丰富的信息。有多少人曾练习过如何使用眼神来表达支持、提升谈判的压迫力或制造聊天的亲和力呢？恐怕大多数人都没有。但这并不意味着眼神交流没有用处。相反，它对于我们的沟通和表达具有极其重要的意义。又比如写邮件这样日常的工作，如何通过简洁又不失条理的描述来清晰地呈现事实、如何优化表达以获取领导更多的支持等，这些都是可以练习的点。日积月累下来，这些人便与普通人拉开了差距，更早地达到了领域专家的水平。

10. 专业力的关键切口：赞誉清单

确保专业力的持续提升，其关键切口何在？我认为是“赞誉清单”。每个人都有自己擅长的事，那些从小到大被他人称赞的技能或特质，正是我们内在潜力的体现。回想上一次产生巨大成就感的时刻，是在何种情境下、完成了怎样的任务？再思考那些对你而言轻而易举，但对他人却颇具挑战性的事情，这些便构成了你的赞誉清单。

正确对待并珍视这些赞誉，能够将其转化为个人的正向反馈机制。生活中，我们总会因各种成就而受到他人的认可，将这些赞誉记录下来，同时反思为何在某些事情上能够获得赞誉。这一过程有助于我们发现自身的独特优势，进而明确个人的长处所在，并坚定不移地发展它们。

此外，赞誉清单在提高行动力方面也发挥着积极作用。若想要激发行动力，可以尝试运用“小步子原理”。简而言之，就是在追求目标的道路上，先迈出微小的一步，实现微小的进步。每一次的进步都会为下一次的尝试奠定基础，这种渐进式的成就体验能够让我们在情感和感受层面（而非仅仅在理智和认知上）深刻体会到进步和行动带来的益处。这种积极的体验会塑造出一种希望感，使我们在情感和感受上更加坚信改变和行动的可能性，从而不断推动自己向前迈进。

例如，告诉自己只做一个俯卧撑，或者只投入 10 分钟去尝试某件事情。这些看似微不足道的行动往往会成为改变和行动的起点，一旦我们开始行动，便会发现其实并没有想象中的那么困难。在身体先行的情况下，大脑往往还没来得及产生过多的犹豫和抗拒，我们已经顺利地展开了行动。

当然，还可以进一步将赞誉转化为实质性的内容输出。**所有产业的内容都可以转型为内容产业和教育培训**。内容创作将涉及持续不断地产生各种形式的内容，如文章、短视频等，以产生影响力并影响更多人。而教育培训则涵盖了线上课程、线下培训等多种学习方式。无论目前身处何种产业，我们都可以积极拥抱这两大产业的转型升级趋势。通过将个人赞誉转化为具有影响力和教育价值的内容输出，不仅能够提升自己的专业力，还能在更广阔的领域中实现个人价值的最大化。

第六章

校准：人生纠偏力的四个构成要素

决策力：用研究的态度做选择

1. 从两难处境中做选择的能力

在人生的漫长旅程中，无论如何构建自己的价值观体系，都不可避免地会遭遇各种矛盾。这些矛盾，往往源于我们内心深处的欲望取舍。生活，本质上就是一个不断做决定的过程。然而，做决定并非易事，因为我们在决策时常常会陷入两难处境。决策，是从两难处境中做选择。而决策力，是指从两难处境中做选择的能力。

所谓“两难”，意味着我们在选择时会面临“顾此失彼”的困境，即选择了一方就可能会影响到另一方，甚至导致另一方的损失。这种冲突有时显而易见，有时则潜藏在表面之下。在生活中，会遇到各种各样的两难选择：例如：

在大学毕业之际，是选择留在大城市追逐更广阔的机遇，还是回到家乡的小城市享受更宁静的生活？

当新领导交给我们第一项任务时，是应该大胆创新、力求留下深刻印象，还是稳妥行事、先摸清领导的喜好再出手？

当决定跳槽时，是应该趁跳槽旺季裸辞专心找工作，还是继续骑驴找马、虽然效率较低但更为稳妥？

当朋友邀请一同创业时，是应该放弃眼前大公司的稳定高薪职位去冒险一搏，还是选择安于现状？

这些选择看似各不相同、毫无关联，但实际上它们都可以归结为一种根本性的抉择：进攻策略与防守策略之间的权衡。进攻策略往往伴随着高风险和高收益，而防守策略则通常意味着低风险和低收益。关键问题在于：如果保守策略的收益无法满足我们的期望，而进攻策略的风险又超出了我们的承受能力，那么我们该如何抉择？一个可行的解决方案是设法降低进攻策略的风险。这通常比提升保守策略的收益要容易一些。

降低风险的方法有多种：

- 首先，寻找合作伙伴来共同承担风险。
- 其次，将方案分步实施，通过快速试错来及时调整策略。
- 最后，为未来设置选择权，必要时灵活做出其他选择。

例如，在城市选择的问题上，如果职业比较容易积累优势且属于吃青春饭的类型，那么留在大城市工作几年可能是一个不错的选择。这样既可以赚取足够的资金为未来打下基础，也可以在未来选择留下扎根或回乡过安宁日子时拥有更多选择权。而如果职业需要相当长时间的积累才能取得成功，那么回家乡用较低的成本积累经验可能是一个更明智的选择。这样一来，在未来的职业生涯中就能够进退自如、游刃有余。

在面临重大决策之际，我们往往会被直觉所驱使，凭借一时的感觉迅速做出判断。然而，直觉虽然有时能为我们指明方向，但更多的时候，它是情绪与经验的混合物，可能会引导我们走向误区。当我们感到内心混乱、不安定的时候，这实际上是一种内在警示，提醒我们当前的心境并不适合做出重大决策。这种混乱可能源于我们对问题认识的不足、对后果的担忧，或者是对自身能力的不自信。在这种状态下，如果强行做出选择，很可能会因为缺乏深思熟虑而后悔不已。因此，在这种情况下，最明智的做法可能是暂时搁置决策，保持现状。这并不是逃避问题，而是给自己留出时间和空间，让自己有机会从更全面的角度审视问题，收集更多的信息，思考更多的可能性。通过这样的过程，我们不仅能够增强内心的力量，还能够提高决策的质量。

“不做决定”本身是一种决策。它意味着我们选择了等待和观察，而不是盲目行动。这种决策需要勇气，因为它需要抵抗住外界的压力和内心的焦虑。

2. 在关键事项上花更多时间

有的人对于日常的细微选择，如衣着、餐饮、购物等，常常倾注过多的关注与时间。他们会在琳琅满目的衣物中犹豫不决，为了一顿饭的口味而纠结良久，甚至在选购一件小物件时也要货比三家，力求找到满意选择。然而，当面临人生中的重大抉择时，比如高考志愿的填报、职业的选择、伴侣的挑选等，态度却颇为随意。

这种随意性在人生的重要关口上体现得尤为明显。以高考填报志愿为例，有些学生在选择学校和专业时，并未进行深入思考和规划，而是凭着一时的冲动或盲目的跟风做出了决定。这样的选择往往导致他们在未来的学习和生活中面临诸多困境，如专业不对口、地理位置偏远等，进而影响到职业发展。一个学生，在高考填报志愿时，本可以选择本省的一所优质学校，却因为想距离家里远一点选择了一个经济发展相对落后的外省学校。此后，他原本有机会在一线城市工作，也因为结婚而放弃了这个机会，来到了并不适合的小城市。在这个小城市里，不仅面临着工作机会的匮乏，还不得不自己打拼创业。而当初他花 200 多万在小城购买的房产，如今也难以脱手。相比之下，如果他当初选择在一线城市发展，或许境遇会截然不同。

为什么我们在面对这些重大选择时会显得如此随意呢？其中一个重要原因是这些选择往往缺乏即时的反馈和收益。与一般选择不同，人生中的重大选择往往需要经过较长的时间才能看到结果。这使得我们在做出这些选择时无法立即感受到它们的价值和意义，从而降低了我们对它们的重视程度。此外，由于缺乏即时反馈我们也无法准确地评估自己的决策是否正确是否需要进行调整和改进，这进一步增加了我们在面对重大选择时的随意性和盲目性。

人生中的每个重大选择都值得认真对待和深入思考，勿因缺乏即时反馈而忽视了它们的价值和意义。避免这些错误的一个做法是请教比你层级高很多的人，或者记住以下几个事项的重要性。也就是说，至少如下事项要当作重大决策进行权衡，科学评估：

教育：教育作为个体发展的基石，不仅为职业生涯和退休储蓄奠定收入潜力，更是后续成长与进步的坚实基础。在教育的选择上，应力求进入更大的城市接受高等教育。大学不仅仅是传授知识的殿堂，更是一个充满机遇的平台。在大城市中，能够接触到更广阔的视野、更丰富的资源，以及更多元化的思想碰撞。这些都将为未来的职业发展和社会融入提供有力支持。

伴侣：伴侣在生活中扮演着重要的角色，其影响深远且长久。合适的伴侣不仅能够与我们携手共度人生的风风雨雨，还能在下一代培养、日常生活氛围以及家庭整体发展上发挥积极作用。在选择结婚对象时，应更加关注对方是否能让我们变得更好。这种“变得更好”不仅体现在个人成长上，还包括家庭幸福和社会责任的履行。

职业：在职业选择上，只要有可能，应尽量避免那些重复性、流程性的工作，如工人、柜员、行政岗等。这些职位虽然稳定但容易被替代，缺乏长期的发展潜力。应该尽量选择那些技能型和创意型的工作职位，这些职位不仅能够提升我们的个人能力，还具有更高的市场价值。同时，在行业选择上，我们也应关注那些长期处于“风口”的行业，如数字科技、医疗、教育和美业等。这些行业具有广阔的发展前景和无数的创新机会。此外，我们还应认识到，第一份职业的薪水并不一定重要，更重要的是我们是否愿意在这个行业中深耕细作、持续进步。

社交：社交对我们的影响潜移默化且不容忽视。我们的收入水平和社交圈子密切相关。研究显示，个人的收入往往与其关系最紧密的5个人的平均水平相近。因此，应该重视与那些积极向上、有追求的人建立良好的人际关系。

健康：健康是革命的本钱，是追求一切美好事物的前提。在快节奏、高压力的现代生活中，保持良好的身心健康尤为重要。健康的身体能够让我们拥有更强的意志力、专注力和抗压力，从而在面对挑战和困难时更加从容不迫。

3. 社会大势决定个人选择

经常有人轻描淡写地表示，选择并没有绝对的对错之分，似乎选择只是一个随机、中性的行为。然而，如果稍微深入思考，就会发现这种观点过于简化了选择的复杂性。实际上，**每一次我们在生活中做出的选择，无论大小，都隐含着对是与非、对与错的某种判断或倾向。**

那么，如何做出更合适的选择呢？首要之务便是认清世界。

如果不能准确地认识这个世界、认清现实，就会陷入一种危险的境地：设定出与自身实际状况脱节的目标。这种目标的设定，往往基于一种对现实的误解或忽视，它可能源于我们的主观臆断、过度理想化或是一厢情愿的幻想。这种不切实际的目标不仅难以实现，还会导致我们自身的行为建设与真实需求之间产生深刻的矛盾。如果长期坚持这种不切实际的目标，甚至可能被环境所抛弃。因为环境是在不断变化和发展的，它需要的是与之相适应、能够与之和谐共生的个体。而无法认清现实、无法适应环境变化的个体，最终将出局。

在探讨如何做出更合适的选择时，首先要认识到一个重要的前提：深入了解并认清我们所处的世界。这种认知的缺失或不足，往往会使我们陷入一种危险的误区，即设定出与自身实际状况脱节、甚至相悖的目标。

这种目标的设定，通常建立在对现实世界的误解、忽视或刻意回避之上。它可能源于我们的主观臆断，即过度依赖个人的感觉和经验，而忽视了客观的实际情况；也可能来自过度理想化，即以一种近乎完美的标准来要求自己或他人，却忽略了现实中的种种限制和挑战；更可能是一厢情愿的幻想，即沉浸在自己编织的美好愿景中，而不愿面对现实的残酷和不易。

然而，这种不切实际的目标不仅难以实现，还会导致我们自身的行为与真实需求之间产生深刻的矛盾。这种矛盾的存在，会使我们感到迷茫、困惑，甚至痛苦不堪。因为我们所追求的目标与自身的实际情况相去甚远，需要付出巨大的努力和代价才能实现，甚至根本无法实现。这种努力与回报的不对等，会进一步加剧挫败感和无助感。

更严重的是，这种矛盾还会导致我们与周围环境的脱节。当我们所追求的目标与周围环境的需求和期望相悖时，就会感到格格不人，仿佛是一个局外人。这种孤立无援的感觉不仅会影响心理健康，导致焦虑、抑郁等负面情绪的，更可能阻碍个人成长和发展。

还记得前面所说的猎知吗？对于普通人而言，**要想大致把握社会的总体趋势，同样需要养成定期关注研究各类信息的习惯。**在这个信息爆炸的时代，从新闻报道、社交媒体到专业分析报告，无处不是信息的源泉。这些信息大概包括：

1. **宏观经济分析：**
   - 国内外经济指标，如GDP增长率、失业率、通货膨胀率、利率等。
   - 经济周期的阶段，判断是处于扩张、衰退、萧条还是复苏阶段。
   - 财政政策和货币政策走向，以及这些政策对经济产生的影响。
2. **科技发展趋势：**
   - 跟踪新兴技术发展，如人工智能、物联网、生物技术等。
   - 关注科技创新的政策支持和市场应用前景。
3. **社会和文化变迁：**
   - 分析人口结构变化，如老龄化、少子化、返乡潮等趋势。
   - 考察社会价值观念、消费习惯、生活方式、社会痛点的变化。
4. **政治和法律环境：**
   - 关注国内外政治局势的稳定性和政策连续性。

- 分析法律法规的完善程度和执法力度。

5. 国际关系和全球化：

- 国际贸易和投资动态，包括贸易协定签订和贸易摩擦解决。
- 全球化趋势的演变，包括区域经济一体化和全球治理体系变革。

因此，**社会大势就是个人战略的顶层设计**。这一点，对年轻人来说具体体现为职业平台的选择。能力与天赋虽然决定了我们能够达到的上限，但所处的平台却决定了我们的起步下限。很多时候，平台与平台之间的巨大差距，就足以抹掉天赋和中间所有的努力。因此，在做出这一选择时，需要花时间思考、需要各方面考量。事实上，许多人步入 40 岁却发现自己一事无成，这并非因为他们缺乏努力或机遇不足，而是从小到大他们的信条只有“读书至上”，却少有人教他们如何看社会的多变性。他们无法把握时机顺应潮流，随意选择平台。当他们在社会中摸爬滚打，误打误撞，往往事倍功半，甚至屡屡碰壁；直至终于睁开眼睛，却发现青春已逝，岁月已蹉跎。

当然，社会大势更是企业和组织的商业战略的顶层设计，并决定其是否能在风起于青蘋之末的时候就占据先机，获得竞争优势。

社会大势是最好的产品经理

2005 年，恰逢首届超级女声选秀节目热潮。那是我唯一一次从头到尾追看的电视节目。

当时，我身边的不少同事都纷纷为这个比赛投票，他们支持的选手各有千秋。结果揭晓时，许多人感到意外，也让我开始反思：选举，从来都不只是能力的较量，而是偏好、喜爱和信念的碰撞。这一点，不仅体现在娱乐选秀上，同样适用于更广泛的社会和政治领域。美国的选举中，无论是特朗普的异军突起，还是拜登的颤颤巍巍获胜，都说明了这一点。选举，往往并不一定能选出最有能力的人，但它一定能选出最受欢迎、最被信任的人。

李宇春作为冠军的成功，不仅仅是因为她的唱功或外貌，更是因为她所代表的中性美、酷帅风格，在当时的社会审美中成了一股清流。这种美或许不符合传统的审美标准，却赢得了年轻人的喜爱和追捧。我也开始意识到，美是多元的，不应该被单一的标准所限定。凭什么只有传统的美才是美？中性美、酷帅美为什么不能被接受和认可？这种对美的多元认识，也让我在学术研究中更加注重多元性和包容性。

而这个选秀节目的成功，其内在逻辑也值得深思。在过去，偶像往往是由公司或媒体包装推广出来的，但在这个节目中，偶像的产生权交给了观众。这种变化，不仅仅是娱乐产业的变革，更是社会民主化进程的一个缩影。人们开始渴望在更广泛的领域拥有选择权和决定权，这也是为什么民主会成为世界潮流的重要原因之一。选举和民主并不是万能的。它们也有自身的局限性和问题。但无论如何，选举和民主都是我们表达自我、追求自由和独立的重要方式之一。

“超级女声”火爆的原因，与经济发展的特定阶段密切相关。随着经济的腾飞，人们开始追求个性表达，寻找自我价值的出口。后来的《变形计》更是一档具有深刻社会意义的节目。这档节目通过让城市孩子体验农村生活，反映了当时社会对阶层分化问题的深刻忧虑，以及人们对缩小城乡差距、促进社会公平的殷切期望。《乘风破浪的姐姐》则聚焦中年女性的就业危机。这一问题并非空穴来风，而是与中国的人力资源结构性问题息息相关。一方面，专业人才匮乏；另一方面，就业市场中的年龄歧视现象愈演愈烈。正因如此，《乘风破浪的姐姐》的推出，不仅为中年女性提供了一个展示自我、实现价值的舞台，更引发了社会对中年女性就业问题的广泛关注和思考。

4. 离开舒适区

在日常生活和决策过程中，我们往往不自觉地倾向于寻找和接受那些与自身已有观念或预期相符合的信息和观点。这种行为在心理学上被称为“确认偏误”，它表现为一种隐性的信息筛选机制，让我们在浏览手机、阅读新闻或参与讨论时，更容易被那些与我们既有观点相吻合的内容所吸引。**这种选择性的信息摄取方式，其根源在于我们对安全感和认知一致性的深层需求。**面对复杂多变的外部世界，为了维护内心的稳定和减少认知失调，我们会本能地倾向于选择那些能够支持我们既有观点和情感倾向的信息。

这种行为模式在一定程度上确实能够帮助我们快速处理大量信息，增强自信心和决策效率。但也带来了一系列潜在问题。它容易导致我们陷入认知上的偏见和盲区，忽视那些与我们观点相悖但同样重要的信息。比如，在投资领域，投资者往往因为过度关注支持自己投资决策的正面信息，而忽略了可能揭示市场风险的负面信息，从而导致投资失误。

人与人之间的差异往往体现在对于变化的接受度和适应力。大多数人倾向于固守舒适区，对于未知领域和不确定性持有一种本能的抵触和畏惧。然而，正是这种对于未知的恐惧，限制了我们的视野和成长空间。如果能够放弃这种安全感，去探寻那些充满不确定性的矿藏，可能就有新的机遇。就如同一片果园，如果所有的果树下都站满了人，那么后来者基本上很难再摘到果实了。

针对这种迷茫和不安，我有一个建议：尽快寻找那些聪明、有趣、有抱负的人，并与他们建立联系。无论是为他们工作，还是劝说他们加入团队，与这样的人在一起都会让我们受益匪浅。他们不仅能够提供新的见解和思路，还能激发我们的潜力，更好地应对挑战。此外，还可以尝试花时间去跟随那些在某一领域擅长的人。社会心理学认为，我们会逐渐变得像那些我们花费时间最多的人。

5. 克服约束条件

决策是在两难处境中做选择。这意味着，任何的选择都有约束条件。**这些约束条件，通常源于我们不得不履行的责任，**它们限定了我们的选择范围和行动方向。这些约束性条件，如同一道道边界，定义了我们的选择范围和可能性。它们可能是物质的、精神的，也可能是道德的、法律的。但无论形式如何，这些约束性条件都是我们做出选择时不可或缺的参考依据。

香港黄子华对脱口秀的热爱促使他放弃了工程师的工作，甚至不惜耗尽家庭积蓄来追求自己的梦想。然而，当他的选择涉及卖掉家庭最后的资产——房子时，我们不禁要问：这是一个好的选择吗？尽管他后来取得了成功，但当时家人付出的代价是无法弥补的。在追求梦想的过程中，应该首先确保不拖累身边的人，然后再谈承担更大的社会责任。

也有人认为，不少古人终其一生都会追求自己热爱的事业，这种追求往往被视为一种高尚的品质。但必须认识到，时代环境已经发生了巨大变化。古人即使混迹江湖，也有归隐山林的退路，可以实现基本的自给自足。而在现代社会，如果突然切断经济来源，整个生活节奏就可能会被打乱。而在当下，如果家中有双亲需要侍奉，那么在这种情况下可能就不能不管不顾盲目创业，去博取微小的成功机会；反之，如果拥有优越的家庭条件，那么也没必要非要找个铁饭碗不可。

也因此，在面对各项选择时，如何才能做出更好的决定呢？首先，尽可能地穷尽所有的选项，并对每个选项可能带来的正负效应进行细致分析和评估。其次，与涉及当事人进行沟通，以确保选择能够得到理解和支持。在沟通过程中，认真地表达自己的需求，让对方明白我们真正在意的东西；同时，也应该真切地掌握对方需求，从而在这个基础上做出更符合双方利益的选择。

6. 重要选择记得备份

人生中存在着一系列重要的选择，这些选择不仅关乎我们的职业发展，还影响着我们的生活方式和价值观。

首先，学校和专业的选择是第一次重大抉择。选学校，实际上是在选择一座城市和一个生活环境。进入大学，不仅要接受学科的锤炼，更要沐浴在所在城市的文化氛围和资源之中。而专业的选择，则直接决定了我们未来职业发展的方向。对于条件有限的年轻人来说，他们更倾向于选择就业前景好的专业，以确保能够安身立命。而对于家境优越的年轻人来说，则更有可能根据自己的兴趣来选择专业。无论如何，这一选择都决定了我们将与哪些伙伴共同前行。

其次，毕业后的行业选择是人生中的一大考验。首次踏入职场，我们所选择的行业将在很大程度上决定着未来的发展方向和所能达到的高度。

再者，婚姻的选择也是人生中不可或缺的一部分。理想的婚姻基于爱情的基础，同时以合作和相互支持为主导。

还有，中年以后的职业规划也是需要关注的一个重要方面。随着年龄的增长和经验的积累，可能需要对自己的职业发展进行调整和重新规划。

一旦做出决定，我们就可能走上截然不同的道路。然而，无论如何周全地考虑，总是难以完全预测未来的不确定性和风险。因此，**在做出关键选择时，最佳策略之一是为选择创建“备份”**。备份，就如同在电子世界中为数据创建的安全副本，它确保了在原始数据丢失或损坏时，我们依然能够恢复并继续前行。在选择的语境中，备份意味着为自己留下后路，确保在选择遭遇困难或不可预见的挑战时，依然拥有应对的弹性和韧性。

很多时候，由于资源、时间或精力限制，我们可能无法同时实施两套完全不同的方案 A 和 B，但这并不意味着不能为选择做好准备。这时，“AB 嵌套”就显得尤为重要。这种策略的核心是：**在选择 A 作为主要方案的同时，也将 B 方案作为备选方案适当嵌套其中。**具体而言，可以在实施 A 方案的过程中，保持对 B 方案的关注和准备。如此，一旦 A 方案出现问题或遭遇不可逾越的障碍，就可以迅速切换到 B 方案，而不必从头开始。这种灵活性不仅节省了时间和精力，更重要的是，它为我们提供了在变幻莫测的世界中稳健前行的能力。通过备份和“AB 嵌套”的策略，可以在做出重大选择时更加从容。

“AB 嵌套”的理念不仅适用于个别选择，也可以贯穿于整个人生规划。传统的“三段式人生”——这一模式曾长期占据主导地位，它以一种线性和顺序性的方式定义了人生的发展轨迹：首先是接受教育的阶段，紧接着是长期的工作生涯，最后是退休后的晚年生活。而在当下，这种刻板的人生模式正逐渐过时且不合时宜。取而代之的是更多元化、灵活性的“多线组合式”人生。

在这种模式下，上学、探索、工作、过渡、组合和退休等多个阶段不再是单一、刻板的线性排列，而是可以相互交织、并行不悖。这意味着，个体可以根据自己的兴趣、能力和目标，在不同的人生阶段之间自由切换，实现多种可能性的灵活组合。例如，在“多线组合式”人生的框架下，年轻人可能在上学期间就开始积极探索自己的兴趣所在，并通过实习、兼职等方式积累实践经验。随后，他可以选择进入工作领域，但这并不意味着他必须一成不变地坚守在同一个工作岗位上。相反，可以随时选择继续深造，提升专业能力；或者尝试其他的工作领域，以寻找更适合自己的职业发展方向。同时，还可以在工作之余，保持对其他兴趣的追求并变成兼职的工作，实现工作、生活和娱乐的多元平衡。这种“多线组合式”人生的灵活性和多样性，不仅使得人生道路变得更加丰富多彩和充满趣味性；更重要的是，它赋予了个体更大的自主权和选择权。我们可以根据自己的实际情况和需求，调整自己的人生规划和发展轨迹，以更好地适应不断变化的环境和个人需求。通过将不同的人生阶段和选择相互嵌套、相互备份，我们可以在面对不确定性和风险时更加从容不迫。

7. 决策力的关键变量：战略管理

做出明智的抉择与个人战略管理能力息息相关。要进行有效的战略管理，必须树立“未来能力”的意识，深入洞察未来社会对能力的需求变化。这种前瞻性的思考，有助于我们更好地规划个人和组织的发展路径。

比如，一位做新媒体的朋友，就非常擅长制定个人战略，并且不断迭代升级。从 2016 年的爆款编辑到 2017 年的爆款讲师，再到 2018 年成功转型自媒体并实现从 0 到 1 的突破，以及 2019 年从自媒体转型为公司并搭建团队，再到 2020 年创建自己的课程体系并打造个人品牌学院——这一系列战略升级的背后，是他对未来趋势的敏锐洞察和对自身能力的持续提升。这正是战略管理的意义所在：通过明确方向和持续努力，让自己在执行过程中避免浪费时间和资源，只做对的事并做到极致。

当我们的孩子还在以高考为中心，熬夜苦读只为进入心仪大学时，新加坡等国家已经开始对教育理念进行重构。比如，从小学阶段开始，新加坡的教育体系就通过一系列小考试来细致划分每位学生的能力类型。这种划分不是简单的标签，而是旨在帮助孩子们从初中开始就明确自己的擅长领域、潜在能力以及适合的发展方向。通过这种分层教育的方式，新加坡旨在最大化地发挥每个人的优势，让每个人才都能在未来社会中各展所长。新加坡的能力体系划分极具启发性：

第一类是解决复杂问题的相关能力。这些技能深深依赖于专业知识、归纳推理和沟通能力。这类技能之所以重要，是因为它们具有不可替代性，无法被机器人或人工智能简单复制。例如，成为一名优秀的律师或刑侦人员，不仅需要扎实的专业知识，还需要敏锐的推理能力和出色的沟通技巧，这些都是人工智能难以企及的人类独有优势。

第二类能力则与人际交往和情景适应紧密相关。人类，拥有强大的适应能力，能够根据不同的环境和情境灵活调整自己的行为和策略。尽管科技在飞速发展，机器人可以承担越来越复杂的分析任务，但在感知和行动方面，它们仍然难以像人类一样灵活自如。比如，我们可以轻松地捡起被子、爬楼梯，但对于机器人来说，这些看似简单的任务却具有挑战性。这种与生俱来的适应能力，是我们在未来社会中不可或缺的重要素养。

第三类则回归到人本主义的思考和创造能力。无论技术和科技如何进步，其最终目的都是为了更好地服务于“人”。我们需要培养和陶冶自己的人文情怀，增加对世界和社会的柔性理解，以便更好地满足人们的需求和期望。通过阅读、观察和思考。我们可以切换不同的视角来洞察人间百态，体会作家心中的悲悯和情怀。这种洞察力和创造力不仅可以丰富内心世界，还可以帮助我们在职场上与各圈层的人打交道。

8. 决策力的关键切口：实习清单

在人生旅途中，我们会遭遇许多十字路口，每个节点都伴随着可能影响未来轨迹的选择。这些选择并非简单的左或右、进或退，而是涉及职业、家庭、爱情、健康等多个维度的复杂决策。正因如此，如何以一种既深入又经济的方式去体验各种可能，成了我们急需解决的问题。“实习清单”的概念应运而生，它不仅仅是我们所熟知的、在正式步入职场前的那段实习经历的简单罗列，更深层次上说，它还代表了一种策略性的生活态度，一种通过短期、低成本的尝试来降低长远选择风险的智慧方法。实习，在这里被赋予了更广泛的意义，**它可以是一次工作的预演，也可以是对某种生活方式或人生角色的短暂体验。**

比如，许多女生可能都梦想过拥有一家属于自己的酒吧或咖啡厅，沉浸在那种独有的氛围之中。然而，村上春树在《我的职业是小说家》中曾谈到，开酒吧并非想象中的那般浪漫，而是充满了琐碎与艰辛，包括但不限于财务管理、员工雇佣、室内装修、酒水选择等。如果贸然投入身家，很可能会遭受沉重打击。因此，更为稳妥的方式是先从实习开始，逐步深入。可以多去不同的酒吧坐坐，感受其独特的氛围，观察其运营方式，甚至可以尝试在酒吧找份兼职，亲身体验酒吧的日常运营。这样，不仅能以较小的代价了解酒吧行业的内幕，还能为自己的未来选择提供更充分的依据。

又比如，如果你憧憬成为作家，又该如何起步呢？村上春树的人生轨迹再次为我们提供了启示。他并没有一开始就全职写作，而是在经营酒吧的同时，利用业余时间进行创作。这种方式虽然艰辛，却为他日后的作家生涯奠定了坚实的基础。对于想要成为作家的人来说，平时的阅读和写作积累至关重要。可以从自己感兴趣的话题入手，逐渐培养自己的写作风格和阅读者群。在自媒体时代，我们还可以通过运营自己的频道来扩大影响力。总之，**从实习开始，逐步过渡到职业**，对多数人来说都是一条相对稳健的道路。

除了直接实习外，还有一种有效的实习方式是向前辈和大牛请教。他们的经验和见解往往能为我们提供宝贵的参考。在咨询时，需要注意沟通方式，尽量让谈话在轻松的氛围中进行。可以提出一些开放性问题，如“您是如何走上这条职业道路的？”“在您的职业生涯中，有哪些关键的转折点？”“对于像我这样想要进入这个行业的人，您有什么建议吗？”这样不仅能获得有价值的信息，还能在与他们的交流中碰撞出新的火花，甚至获得意想不到的工作机会。

当然，有时候我们可能并不清楚自己想要什么，这时前文提到的排除法仍然实用。通过剔除那些明确不喜欢或不适合的选项，可以逐渐聚焦在真正感兴趣和适合的领域上，在不断排除的过程中，逐渐找到属于自己的方向。

靶向力：将注意力投放重点目标

1. 基于目标持续投入注意力的能力

在人的一生中，众多能力交织成复杂网络。然而，如果要提炼出一个至关重要的核心能力，我认为那就是笃定于某一目标并具备长久耐心的坚持能力。

靶向力，并非简单地集中注意力，而是**基于明确目标持续投入注意力的能力**。我们往往被各种琐事所牵绊，而靶向力则能帮助我们切割冗余，直击要害。优秀，也往往体现为在关键事情上的卓越表现。管理注意力，比单纯管理时间更为重要。

人生是否存在一条可靠的路径，能够引领我们走向这种坚持不懈的境界呢？答案显然是肯定的。这条路径的起点，就是尝试坚持做好一件事，从中体验到坚持带来的甜头。《人民日报》曾刊登过一段深入人心的话：“水再浑浊，只要长久沉淀，依然会分外清澈；人再愚钝，只要付出足够的努力，一样能改写命运。”人生是一场漫长的竞赛，有些人可能在起点就笑得灿烂，但真正的赢家，往往是那些能够坚持到最后的人。

我们周围不乏这样的例子：有人立志要写作，但练习了一两个月后，发现公众号的阅读量寥寥无几，于是选择了放弃；有人发誓每周要读一本书，结果却是买书如山倒、读书如抽丝；还有人办了健身卡，却总是能找到各种理由不去锻炼，最终健身卡只能静静地躺在角落等待过期。这些例子都告诉我们一个道理：耐心才是最大的力量。而这种耐心正是靶向力的重要组成部分。它就像种子的力量一样安静、缓慢、笃定而又不可阻挡。只要我们具备了这种耐心和坚持的力量，就能够在人生的道路上不断前行、不断超越。

2. 注意力才是稀缺资源

我们经常提及“竭尽全力”。有的人以为这是指投入大量时间。但实际上，这里的“力”并非单纯指力气或时间，而是更重要的注意力。同样地，当我们谈论刻意练习时，其本质也不仅仅是时间的投入，而是注意力的集中。当我们全身心地投入到某项工作中时，注意力会高度集中在关键主题上，调动过去的经验和知识积累来完成任务。这种专注的状态往往比利用零碎时间进行工作的效率要高。因此，**“竭尽全力”是指将注意力与时间有效地统一起来**。

行为设计学家尼尔·埃亚尔（Nir Eyal），一直致力于研究大脑的上瘾机制。他花费大量时间深入探索，最终构建了一个新颖而实用的上瘾模式模型。这个模型为产品经理们提供了一种有效的手段，帮助他们打造出让用户欲罢不能的产品。然而几年后，埃亚尔自己却意外地卷入了形形色色的产品漩涡中，险些被自己创造的上瘾模型所控制。这段经历让埃亚尔深刻反思，并促使他开始探索如何摆脱这种上瘾状态的束缚。最终，他创造了一个名为“不可打扰模型”的理论框架，并将其撰写成《不可打扰》一书。

这本书不仅揭示了现代科技产品对我们注意力的影响，还提供了一套方法和策略。比如，设定明确的工作和生活目标，以减少无目的的浏览和分心行为；合理规划和使用科技产品，将其作为提高效率和质量的工具，而非分散注意力的源头；培养深度阅读和思考的习惯，以提升自己的思维能力和专注力；以及定期进行注意力训练和冥想练习，以增强抗干扰能力和自我调节能力等，帮助我们在日常生活中保持专注和独立，避免被外界无谓分散精力。

3. 自律是去做不愿意做的事

保持注意力，显然需要自律。关于自律，广为流传的几句话是：“自律就是学会抵抗；无论内心感受如何，都坚定地采取行动；按照精心设计而非默认的方式生活；最重要的是，一切行为都应根据你的理智，而非情感来指引。”我们来简单分析这几句话的内涵：

> “学会抵抗”：不仅仅是对外界诱惑的拒绝，更是对内心惰性和即时满足的克服。这种抵抗不是一次性的行为，而是一种持续不断的努力。

"无论内心感受如何，都坚定地采取行动"：强调了自律不是忽视或压抑情感，而是在认识到情感的存在后，依然选择以理智和意志力来引导自己的行为。这需要具备高度的自我觉察和自我管理能力。

"按照精心设计而非默认的方式生活"：自律是一种积极主动的生活态度。我们不应该被环境和习惯推着走，而应该主动地规划和管理自己的生活。

"一切行为都应根据你的理智，而非情感来指引"：是自律的核心所在。情感是短暂的、易变的，而理智则是稳定且长远的。只有当我们学会用理智来驾驭情感，才能在人生的道路上保持坚定和清醒。

可见，自律不仅是一种自我约束的行为，还是一种勇于挑战自我、不断超越自我的精神追求。在纷繁复杂的社会中，我们时常面临着各种诱惑和挑战，而自律的力量就在于它教会我们如何坚定地抵抗那些容易使我们偏离轨道的因素。换言之，**自律意味着要去做那些我们内心深处并不愿意做的事情。**

自律强调的是在行为出现偏差或面临挑战时，个体能够主动地进行自我调控和纠正。自律作为一种能力，其价值在于为我们提供了一种应对挑战、克服困难的手段。然而，任何能力的运用都需要消耗一定的资源，自律也不例外。它需要我们付出意志努力，去抵抗诱惑、克服惰性，这无疑是一种"苦大仇深"的过程。因此，虽然自律是一种重要的能力，但并不意味着我们要时刻都处于自律的状态。相反，我们更需要通过自律的努力逐渐将那些需要意志努力的行为转化为自动化的习惯。这样，就可以在不耗费过多意志力的情况下，轻松地维持那些对我们有益的行为。

当下互联网的流量之战，实际上是互联网平台与用户之间激烈的注意力争夺战。在这场较量中，自律力成了关键因素。那些自律力强的人，能够有效地掌控自己的时间，按照自己的意愿和需求来分配注意力。相反，**自律力较弱的人则往往沦为被剥夺者，他们的注意力被无数的信息碎片所打散，最终化作了互联网平台的流量。**从数据层面来剖析这场战争，我们不难发现用户目前正处于全面的劣势地位。《第 18 次全国国民阅读调查》所揭示的数据令人深思：2020 年，成年人每天的手机接触时长高达 100.75 分钟。然而，这个数据实际上还可能低估了问题的严重性，因为还有许多人并没有智能手机。对于那些使用手机的主力军来说，他们平均每天的手机使用时间更是长达 8.33 小时。这些数字无疑在告诉我们一个事实：手机已经占据了人们每天清醒时间的近一半。这种注意力的碎片化已经带来了一系列负面影响，比如思维跳跃、深度思考能力的下降以及时间管理的困难等。

人类的天性中总是存在着一种追求安逸、逃避困难的倾向，这无须自我质疑。那些看似高度自律的人，之所以能够持续行动，往往是因为他们为自己的行为提供了充足的情绪动力。他们体会到了克服惰性、早早起床的益处，感受到了每日坚持锻炼为身体带来的积极变化，也享受到了全身心投入某件事情所带来的满足和成就感。这些积极的反馈和体验，不仅为他们提供了持续前行的动力，更在无形中强化了他们的理智和认知。

我们的注意力放在哪里，人生的结果就在哪里。

4. 不做是因为不重要

在生活中，我们常常会观察到一种普遍的现象：无论何时听到他人分享良好的习惯或行为模式时，很多人总是会迅速地为自己找到一个借口，而其中最常见、最便捷的借口莫过于“我没时间”。这句话表面上看起来是在表达时间上的不足，实际上却在暗示这件事对他们来说并非优先事项。如果某件事情被视为首要任务，他们自然会去做；反之，如果它不被重视，那么就有各种理由去忽略或放弃它。很多时候，**我们不去做某件事情，并不是因为真的没有时间，而是因为内心并不认为它足够重要。**

换言之，我们往往基于一种隐性的价值判断，在潜意识里将某些事务置于次要地位，从而为其分配更少的心力和时间资源。当我们声称没有时间做某件事时，这通常意味着认为有其他更紧迫或更有价值的事情需要关注。如果我们真心认为某件事情至关重要，那么就会不遗余力地为其腾出时间，无论我们的日程有多么繁忙。然而，如果我们内心深处并不真正认同某件事情的价值，那么即使表面上看起来有时间，也可能会找各种理由来推脱或拖延。这种心理机制实际上是自我保护的一种方式，通过避免那些我们认为不重要或不喜欢的事情，来保持内心的舒适和平衡。

当然，还有一种情况。当一个人的生活中充满了十个甚至十五个不同的优先事项，而这些事项又都被不加区分地扔进同一个待办事项筐里时，实际上就已经没有了真正的优先级。最终，这种情况下的个体往往会发现自己什么事情都做不成，因为他们并没有真正地去区分和选择哪些事情是最重要的。

因此，要想真正改变自己的行为模式，实现更高的目标和追求，首先需要从内心深处重新审视和评估各种事务的重要性。**只有通过深刻反思和真诚面对自己的内心，才能确认这种隐性的价值排序。**

5. 通过探究式复盘找到动力

大多数人一般不会进行长逻辑链的思考，而是更偏好简单的因果关联：即当我做了 A，得到了 B 的收益，这种直观的成果才会刺激我们的决策欲望。因此，很多时候，问题并非出在决策能力本身，而是我们未能投入足够的时间和精力去深思熟虑。这种局面的根源在于，我们难以将复杂的决策过程细致拆分，并准确把握每一步行动的价值。正因如此，复盘的重要性不言而喻。

何为复盘？简而言之，复盘就是对过往事件进行回顾与总结，从中洞察问题并提炼经验教训。仅仅经历过某事并不足以确保我们的成长，只有对反馈进行深入分析，并据此调整优化我们的行为，才能实现真正的进步。否则，可能只是在重复着相同的日子，即便历经数十年，也只是将一天的经验重复了数十遍而已。在完成一项任务，尤其是那些看似遥不可及的任务后，重新审视我们的每一步行动，确认它们的价值，并提炼出可供未来借鉴的经验教训，通过这样一次次的复盘，我们能够逐渐建立起对复杂事物之间微妙联系的认知，从而优化决策能力。

我在此强调一种探究式的复盘方法，而其核心在于推演。**推演是复盘与普通总结的显著区别。**在进行复盘时，一般需要围绕三个核心问题展开思考：

- 评估计划的可行性，并根据实际情况考虑是否需要调整。
- 审视计划的完成情况，分析哪些部分已经落实，哪些部分尚未完成，并探究原因。
- 思考是否有改进的空间，以及如何具体改进。如果忽略了因果关系的深入探究，那么复盘的价值将大打折扣。

复盘带来的最直接益处，就是帮助我们避免在同一问题上反复犯错。即，当面临失败时，不应只是简单地得出结论——例如“我失败了”或“我不适合这项任务”，而应深入剖析导致失败的具体原因。复盘过程实质上是对过往经历的反思与学习。它不仅要求从宏观层面审视整个事件的来龙去脉，更需要深入到每一个细节中去，探寻那些可能被忽视或误解的关键因素。

比如，在进行每天时间安排复盘时，可以按照以下步骤进行：

- 回顾当天完成的事项，并与计划进行对比，找出未完成的部分。
- 接着评估未完成任务的重要性，以及可能带来的影响。
- 分析未完成的原因，是由于突发的计划冲突，还是因为个人懈怠或疲劳。

• 深入反思这些原因的根源。例如，疲劳是否是由于前一天晚上失眠造成的，而失眠又是否与工作或学习的压力过大有关。

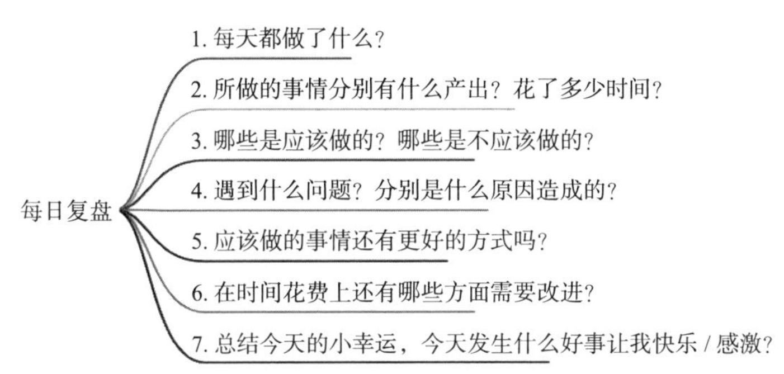

图 6-1　每日复盘

通过这样的复盘，不仅能够找出问题所在，还能够针对性提出解决方案。当然，是否每天一定要复盘？也不一定。这里的关键是，做必要的复盘。

需要强调的是，复盘并非一种杂乱的分析过程，而是需要精确到具体事项，明确找出问题出现的环节。这就像在下围棋时，需要清楚地知道是哪一步棋走得不够好，如何才能走得更好。通过反复总结们能够逐渐掌握那些可能被遗漏的关键环节。虽然人生不可能两次踏入同一条河流，但相似的河流却总是存在的。只有学会从已知的经验中汲取教训并优化自己的行为，才能在面对类似挑战时更加从容应对，并最大限度地发挥潜力。

复盘是一个非常重要的过程，但在实践中，往往会犯一些常见的错误和陷入一些误区。比如：

关注结果，忽视过程：在复盘时只看重最终的结果，而忽视了导致这个结果的过程。复盘的核心是从过程中学习，找出成功或失败的原因，以便在未来做出更好的决策。如果只关注结果，就无法深入了解其中的经验和教训。

情绪化复盘：复盘需要冷静、客观的态度。在复盘时容易受到情绪的影响，无法理性地分析问题。情绪化的复盘会导致偏见和错误的结论。

缺乏深度：在复盘时只关注表面的问题，没有按照源思维模型深入挖掘问题的根源。此外，可能只关注某一方面的问题，而忽视了其他相关因素。

归责和指责：在复盘过程中，很容易陷入归责和指责的误区。人们往往倾向于找出问题的责任人，而不是共同分析问题并寻求解决方案。

如果能够规避这些误区，复盘还能赋予我们特别的力量，那是一种来自过去的慰藉与激励。每当感到困惑或挫败时，回顾那些充满挑战的复盘记录也能给我们力量。那些文字记录着曾经的艰难时刻和内心的挣扎，但重新审视它们却让我们明白：下一刻虽然可能还是艰难的时刻，但我已经因此而变得坚韧。

6. 坚持做一件事就能赢得信任

我们常常感叹：“为何我读了这么多书，明白了如此多的道理，却依然无法过好这一生？”如有这样的疑问，也可以继续再问：是否真正将书中的知识付诸实践？是否刻意地按照某些书中的理念来规范自己的行为？这好比一个人虽然听了许多游泳的理论，却从未下水尝试，然后抱怨自己无法成为游泳高手。仅仅理解道理而不去行动，就如同在无尽循环中挣扎，始终无法挣脱。

若真想做成一件事，需要让这件事成为日常生活的一部分。如果秉持这样的信念，那么每一天都不能轻易放弃，每一刻都要努力精进。巴菲特一生中 99% 的财富，都是在 50 岁之后获得的。他究竟做了什么惊天动地的大事，使得他的财富在 50 岁后呈现爆炸式增长？在 2006 年的《致股东信》中，他提到了一个案例：从 1900 年 1 月 1 日到 1999 年 12 月 31 日，道琼斯指数从 65 点上涨到 11497 点，增长了整整 176 倍。这个复合增长率是多少呢？答案可能并不惊人，仅仅是 5.3%。这意味着如果你有 1 万块钱，每年只会增长 530 块钱。这个增长率在许多人看来可能并不起眼。然而，就是这么一个看似微不足道的回报率，只要它能够持续、稳定增长，就会随着时间的推移释放出惊人的能量。而且随着基数的不断增加，其回报率也会越来越惊人。几十年后，这个数字就会变得不可思议。巴菲特有什么秘诀吗？没有。他只是重复做着简单的事情，保持着微小但稳定的增长。而问题在于，也只有他能够做到几十年如一日地坚守这个回报率。

我们多数人，往往缺乏足够的资源自由而行，**除了坚持做一件事来积累自己的信用和经验之外别无他法。**如何才能成事？答案就是专注和深耕。为什么大多数人无法成事反而总是陷入内耗和怨天尤人的境地呢？因为专注和深耕真的很难。它就像是一场考验一个人认知和行动能力的渡劫。只有越过这个瓶颈积累到一定程度才能真正走向成功，实现自己的目标。如果内心没有强烈的渴望和追求就无法吸引和创造自己想要的东西。

7. 靶向力的关键变量：成就管理

标准的奋斗模型通常被认为遵循如下轨迹：始于对某项活动的热爱与选择，随后是矢志不渝的坚守初心，将沿途的所有艰难险阻都视作是通往最终成就的必经之路，以忍耐和牺牲为代价，持续奋斗直至目标实现，最终收获期盼已久的胜利果实。

然而，这一模型的关键在于，它建立在一个不稳定的假设之上——即我们所追求的“最终目标”能够在奋斗过程中给予我们充分而及时的快感反馈。当我们沉浸在漫长而艰苦的努力中时，不免会反复质问：眼下所承受的种种痛苦与困扰，是否真的能够在未来转化为深层次的满足感和成就感？如果这种转化未能如愿发生，那么我们所付出的一切努力岂不是徒劳无益？或者，即使这一模型在过去曾为我们带来成功，但只要失败过，那么这些成功也可能难以抵消我们对于它可能再次失败的忧虑。

因此，我们有必要重新审视这一模型，并探索一种更加合理有效的替代方案，即成就管理。与“延迟享受、持续奋斗”模型不同，**成就管理强调在努力过程中及时记录并庆祝每一个阶段性目标的完成。**

为何不在努力的每一个阶段就去创造成就并热烈庆祝这些成就呢？这是“成就管理”的核心。它与传统教育中那种“一次考得好不能太骄傲，因为还有无数次考试在等着你”的观念形成了鲜明对比。诚然，我们应当保持谦逊，意识到前方还有更多、更难的挑战在等待着我们。但是，每一次胜利之后，难道不应该为自己举行一个小小的庆祝仪式吗？这种庆祝的仪式感在生活中具有不可替代的重要性。它不仅是对过去努力的肯定，更是对未来继续努力的激励。每当我们通过仪式感来庆祝自己的成就时，其实在告诉自己：“你过去的付出没有白费，你值得这样的庆祝。”同时，这种庆祝也提醒我们，如果想要获得更大的庆祝，就必须再接再厉，继续前行。

如果总是被告知成功之后不值得庆祝，我们就很容易陷入一种迷茫和困惑之中：我们会怀疑自己的努力是否真的有意义，是否真的能够带来想要的结果。这种困扰，其实是一种对自我价值的困扰，它将导致我们无法真正享受到成功带来的喜悦和满足，也无法从中汲取继续前进的力量。

在现实也经常会遇到这样的情况：付出了很多努力，却迟迟看不到成果和反馈。这时，挫败感和失望感就会像潮水一样涌上心头。但是，必须明白的是：正向反馈是可以创造的，而且阶段性的正向反馈可以为我们提供持续的动力。因此，每当完成一个任务或者达到一个阶段性目标时，不妨给自己一点小小的奖励。无论是享受一顿美食、观看一部精彩的电影，还是为自己购买一份心仪已久的礼物，这些都是对自己努力付出的最好回馈。

这种自我激励的方式与外界的激励有着本质区别。外界的激励往往来自他人，如父母、老师、朋友等。他们可能会给予我们赞扬、鼓励或者物质奖励。但这些外界激励往往是短暂的、不可控的，也无法真正满足我们内心深处的渴望。相比之下，自我激励则更加持久、更加有效。它来自我们内心深处的自我认同和自我满足，能够为我们提供源源不断的动力。

当然，也不能忽视最亲密的人的激励对我们的影响。他们的鼓励和支持往往能够为我们带来更加深刻的感动和更加坚定的信念。但是，归根结底，真正的动力来自我们自己。只有当我们真正认同自己的价值，相信自己能够取得成功时，才能够坚持不懈地追求自己的目标。在这个过程中，我们还需要明白一点：**只要坚持刻意地去做一些事情，就一定能够品尝到成功的甜头。**

更重要的是，这种成就感和自信心是可以迁移的。一旦在一个领域尝到了成功的甜头，就会更有动力去尝试其他领域，去挑战更多的未知和困难。

以英语学习为例。最初，你可能因为外在压力而开始学习英语。但是，随着努力和进步，你逐渐发现学习英语的乐趣和意义。这时，会更加主动地去学习英语。而每一次的进步，都会给你带来周围人的鼓励和正向反馈。这种正向反馈又会进一步激发学习热情和动力，让你更加深入地学习英语。同时，这种在学习英语上获得的成就感和自信心，也会引导你尝试其他方面的学习或者挑战。

因此，成就管理不仅是一种有效的自我激励方式，更是一种积极向上、充满正能量的生活态度和价值观。它鼓励我们在追求目标的过程中不断创造成就、庆祝成就，从而为我们提供持续的动力和信心。同时，它也提醒我们要珍惜自己每一次的努力和付出，相信自己有能力去实现自己的梦想和目标。

8. 靶向力的关键切口：痛点清单

我们的努力，除了获得成就感，还可能是回避痛苦或痛点。

痛点清单，是一种直戳心窝的自我反思工具。它利用我们对恐惧的本能反应，通过呈现可能的不良后果来刺激我们的意识，从而引发态度上的深刻转变。每一次对痛点的审视，都是一次自我的深度剖析和警醒：我们会想，如果不改变现状，不付出努力去解决这些问题，将会面临怎样的困境和痛楚。

这些痛点多种多样，可能源自贫穷导致的生活拮据，也可能源自内心深处的自卑感。每个人都有那么几个痛点，足以让自己痛彻心扉。然而，正是这些痛点，可以成为改变现状的强大动力。当我们真正畏惧某些东西时，就会本能地想要逃避或改变它们。这种畏惧不仅来自对自身后果的担忧，还包括对我们所关心的人可能受到影响的忧虑。我的一个学生从小寄人篱下，他说自己的努力几乎都源自内心的恐惧：

努力是因为内心的恐惧

由于贫困，我小时候的生活充满了挑战，这让我深深地害怕会失去手中所拥有的一切。我总是担心父母会突然离我而去，让我再次陷入一无所有的境地，受到别人的同情和怜悯。我非常抵触那种被人可怜的感觉，因此我下定决心，要通过自己的努力过上好的生活，让别人不再对我投以同情的目光。

为了这个目标，我发奋图强，努力学习。然而，在这个过程中，我却时常听到一些伤人的话，比如“穷人的孩子早当家”。对于我这种敏感的孩子来说，这些话与其说是关心，不如说是一种压力。但我没有被打倒。我租了一间离学校两三千米远的房子，无论刮风下雨，我都坚持跑步上下学。每天光是跑步就要跑四五千米。我中午吃饭时都舍不得浪费时间，一边吃饭一边听英语录音，旁边还放着地理练习册。我就像古代那些悬梁刺股的学子一样，不知疲倦地追求着知识。

我经常问自己，为什么要这么努力？最终我意识到，最深层的原因还是出于恐惧和害怕。我努力的本质是为了摆脱内心的不安全感。就像我们中国人常说的“穷怕了”，所以很多人对赚钱有着强烈的欲望。我曾经在台湾遇到一位美国的经济学家，他也认为人们拼命赚钱是因为害怕贫穷和饥饿。

这种不安全感对我影响深远，它与我的家境和经历息息相关。因为曾经一无所有，所以我深知匮乏的滋味，这给我带来了强烈的不安全感和对未来的恐惧。我害怕再次失去一切，回到那种一无所有的状态。因此需要极致的努力来让自己有能力创造自己想要的生活。我很少能够停下脚步去享受当下拥有的一切，因为在我拥有幸福时光的同时，我也在想象失去的那一天。这让我无法停下前进的脚步。

在我看来安全感并不是别人给予的而是自己创造的。我只能通过不断地强大自己来获取安全感，让自己变得坚不可摧、游刃有余。即使我目前还没有达到这个目标，但我认为我应该不断地积累这种能力才能让我看到未来的希望。我相信只有自己足够强大才能真正地拥有安全感，不再害怕失去。

我们之所以觉得某些道理听起来空洞无力，或者“道理我都懂，但我就是做不到”，很多时候原因就在于并没有真正从心底感受到切肤之痛。我们走马观花地浏览了一下这些道理，却没有深入地思考和理解它们。因此，需要不断地、反复地向自己灌输这些思想，让它们在脑海中留下深刻的印象。只有这样，当我们的潜意识接受了这些思想，并形成了内在的信念时，才能爆发出持续动力。

从正反两方面给自己灌输和洗脑强化做这个事情的意义，是一种有效的自我激励方法。一方面，通过不断地强化目标的重要性和紧迫性，可以让这个目标在心底扎根，并逐渐变成一种刻骨铭心的信念。当这种信念达到一定的数量级时，就会引发心理学上的“自我实现”效应，即潜意识会自然而然地驱使我们去实现这个目标。另一方面，**对痛点的时刻清点也是一种有效的自我提醒方式**。它可以让我们时刻保持清醒和警觉，避免因为一时的懈怠而错失良机。毕竟，最痛苦的事情往往不是失败本身，而是“我本可以”的遗憾。如果我们连通过努力就能得到的东西都抓不住，那么还能抓住什么呢？运气是机会正好撞上你的努力的一种美妙结果，但前提是你必须先付出努力。否则，即使机会来临，也只能眼睁睁地看着它溜走。因此，对痛点的深刻认识是通向目标的必经之路。

沟通力：代入对方所处的情境

1. 还原对方情境的能力

在复杂的人际交往中，误解与被误解似乎成了一种常态。我们常常发现，尽管自认为已经以极为真诚的态度待人接物，甚至到了“掏心掏肺、毫无保留”的地步，自己就像一泓清泉般透明，理应被理解，但结果往往并不如预期。

这其中的原因，或许可以归结为我们在努力展现真诚时，所采取的方式往往基于自己的主观理解，而未能与对方达到真正的调频一致。我们以为自己的言行已经足够明确、足够真诚，却忽略了对方可能有着完全不同的理解方式和接受频率。我们的真诚，需要以一种对方能够感知和理解的方式来表达，否则就可能造成误解。

因此，沟通的重要性在此刻显得尤为突出。那什么是沟通呢?

沟通，其实质在于还原对方情境，而沟通力是还原对方情境的能力。这并不是简单地感知对方的情绪或需求，而是要深入地去设想对方言行的发生机制，去探究对方为何会这样想、这样做的因果关联。用英国作家萧伯纳的话来说："沟通的最大问题在于，人们想当然地认为已经沟通了。"我们需要超越表面上的感知，真正理解对方的内心世界和思维模式。

老师为何看起来很严厉

孩子刚上小学的时候，有一次回来说：一些家长觉得老师对学生太严厉了，可能准备给学校提意见建议解聘她。

我问："你是怎么看待这个问题的呢？你觉得老师是不是过于严厉了？"

他回答道："确实，老师是挺严厉的。但是，你想想看，对于刚读一年级的小朋友们来说，如果老师不稍微严格一点，那班里岂不是要乱作一团了？所以，我个人觉得这样并没有什么问题。"

孩子或许并不完全喜欢老师的严厉方式，但他能够理解这种严厉背后的必要性；同时，他也认识到老师之所以会采取严厉的态度，是因为面对的是一二年级这些年纪尚幼、需要更多引导和管理的学生。这段对话所展现的，正是孩子尝试从老师的角度出发，去理解老师所处的教育环境及其所采取的教育方式，这种理解方式我们称之为"还原情境"。

所谓“还原情境”，就是探寻行为背后的条件和环境，即要思考对方的某一行为是在什么情境下发生的。

有效的沟通不仅仅是传达信息，更是要弄清楚信息背后的逻辑和原因。它不是简单地告诉对方“是什么”，而是要解释清楚“为什么”。这需要设身处地地站在对方的情境去思考问题，按照对方的逻辑去梳理事实、问题和需求。

鲁迅在《小杂感》中说道：

> 楼下一个男人病得要死，那间壁的一家唱着留声机；对面是个孩子。楼上有两人狂笑；还有打牌声。河中的船上有女人哭着她死去的母亲。人类的悲欢并不相通，我只觉得他们吵闹。

这段文字深刻揭示了人们在面对他人情境时的局限性，即往往难以真正感同身受，从而容易产生误解。误解的根源往往在于未能真正还原对方的情境，深入甄别对方在特定环境下的行为动机与结果。因为这种缺失，我们对他人的行为理解常常停留在表面，甚至轻率地做出对错评判。这种理解方式，**很容易让我们将“不同”误读为“不对”，**从而在心中筑起隔阂与偏见的高墙。

确实，很多时候，我们会习惯性地以自己的主观感受去揣测他人的意图，却忽略了这背后可能存在的差异。比如你身边的一位朋友，有着优越的家庭环境，全球旅行对她而言如同家常便饭。因此，她经常在朋友圈分享在国外的种种经历。在初识之时，大家都以为她是在炫耀自己的优越生活。但随着与她的深入交往才逐渐了解到，这些经历对她来说不过是日常生活的一部分，她的分享只是出于一种自然的交流愿望，并非炫耀。

“物有本末，事有终始。”只有当我们真正了解一个人的生活背景（文化背景）和行为动机后，才能够对其行为做出更客观评价。其他现象同样如此。比如，每个国家都有其独特的历史轨迹、文化传统和社会结构，这些因素共同塑造了一个国家的民族性格和行为方式。如果只关注表面的政治、经济表现，而忽视了对一个国家深层次文化的了解，那么评价很可能片面且有失公允。

2. 要敏锐不要敏感

在沟通过程中，要敏锐而不是敏感。**敏锐是甄别行为的差异性，敏感是过度解读行为并被影响。**敏锐是正确解读信息，而敏感很多时候实际上就是过度解读，过度地赋予事情本身不需要或者根本就没有的意思。

敏感，如同一张细密的网，往往容易将诸多并不直接相关的事物紧密地捆绑在一起。乔布斯曾言：“我特别喜欢和聪明人在一起工作，因为最大好处就是不用考虑他们的尊严。”此言虽有些极端，却揭示了一个现象：在聪明的交流中，观点的碰撞是常态，而不应轻易触及个人尊严。然而，在现实生活中，人们常常不自觉地将他人对自己观点的质疑，误解为对自己的否定。这种“我”与“我的观点”的紧密捆绑，使得每当遭遇反对之声，我们便会如刺猬般竖起尖刺，**以为是在捍卫自己尊严，实则可能只是在固守自己的偏见。**

这样的敏感，不仅会让我们的思维陷入僵化和狭隘，更有可能让我们在人际交往中失去宽容和理解。很多时候，敏感其实源于对他人话语的误解。为何会对某件事特别敏感？这往往是因为双方认知的偏差，对同一件事情的解读大相径庭，进而导致了敏感点的不同。因此，当我们感到不适时，不妨先按下心中的怒火，平心静气地去探寻对方话语背后的真实意图。

当然，如果只是一时的情绪波动，那么大可不必过于放在心上。毕竟，生活中真正的支持和理解往往来自我们身边最亲近的人。对于爱人、父母、闺蜜、同事等亲密关系，应该努力消除误解，通过坦诚的沟通来准确了解彼此的想法。而对于一般的朋友或熟人，或许可以更加宽容一些，因为说者无意、听者有心的情况时有发生。不必太过在意每一个可能的冒犯，因为没有人从不得罪人、从不受到伤害。

对于他人的行为，更应避免过度解读和急于判断。如果对方是对的，那么我们无法左右他们的想法和做法；如果对方是错的，那么也不必因此而动怒或沮丧，因为那只是他们的问题而已。更重要的是，要学会保持内心的平和与坚定，不被外界的风吹草动轻易搅乱心神。

人们往往在自己缺乏自信、感到不安的领域里更容易表现出敏感。因此，要减少敏感、增强安全感，关键在于更深入地了解、淬炼自己。当我们对自己有了更清晰的认识、对自己在意的部分有了更坚实的把握时，更有可能拥有“钝感力”，即面对外界纷扰时能够保持内心的从容和淡定。钝感力并非麻木不仁或逃避现实，而是基于对自我认知的清醒和认同所形成的一种内在力量。它能够帮助我们在复杂多变的世界中保持自我、坚守本心，不轻易被左右。

3. 站在对方立场想一想

在繁忙的城市街道上，雨滴如琴弦上的音符，轻轻敲打着每一个匆匆的过客。你坐在舒适的车内，看着窗外骑着电动车的人穿梭在雨中，或许心中会涌起一丝同情，但当他们不慎闯入机动车道，造成交通拥堵时，你的同情是否又会被厌烦所替代？换位思考，如果你是电动车驾驶者，雨中的你，是否也会因为种种原因而选择机动车道，心存侥幸地认为汽车会避让，即便发生意外也能得到赔偿？

这里，并不是要评判开车者与骑电动车者谁对谁错，而是要揭示一个深层次的社会现象：人们往往容易站在自己的立场上看待问题，从而忽略了对方的处境和感受。无论是开车者还是电动车驾驶者，都需要更多地了解对方的立场和需求，才能减少误解和冲突。这种立场问题不仅仅存在于道路交通中，它渗透到我们生活的方方面面。在恋爱关系中，女生有时候生气并不是真的想要对方离开，而是希望对方能够过来解释和沟通，表达对她的在意。然而，男生往往因为害怕冲突而选择逃避，这种逃避反而加剧了女生的怒气。如果双方都能够坦诚地表达自己的感受和需求，很多恋爱中的矛盾都能够迎刃而解。

在代际关系中，由于成长环境的不同，我们与父母、与子女的观念可能存在很大的差异。这种差异并不是不可逾越的鸿沟，而是可以通过沟通和理解去逐渐缩小的。我们需要尊重彼此的生活方式，而不是试图改变对方。“站在对方立场想问题”的技巧，是一种心智和情感上的转换过程，它要求我们超越主观视角，去尝试理解和体验对方的感受、需求和想法。

1. 倾听：

- 给予对方充分的时间来表达自己的想法和感受。
- 避免打断或立即提出自己的观点，而是努力听完对方的讲述。
- 注意观察对方的非言语信息，如肢体语言、面部表情和声调，这些都可能传达出重要的情感信息。

2. 设身处地：

- 尝试将自己置于对方情境中，想象如果你是对方，你会有什么样的感受。
- 回忆自己过去是否有过类似的经历，以及当时你的感受如何，这有助于你更好地理解对方当前的状态。
- 思考对方行为背后的可能动机和需求，而不是仅仅停留在表面行为的评判上。

3. 提问与澄清：

- 当你觉得对对方的立场有了初步理解后，可以通过提问来验证你的理解是否准确。
- 使用开放式问题（如“你觉得怎么样？”“对你来说最重要的是什么？”）来鼓励对方分享更多信息。
- 如果对方的回答揭示了你之前的理解有误，不要固守己见，而是愿意调整自己的看法。

4. 表达同理心：

- 用语言来确认和反映你对对方感受的理解，例如：“我能感觉到你现在很失望 / 生气 / 伤心，因为……”

- 避免使用“但是”来引出自己的观点，因为这可能会让对方觉得你在否定他们的感受。相反，可以使用“同时”来表达你自己的立场，如：“我能理解你的感受，同时我也有我的考虑…”

5. 寻找共同点：
   - 在理解了对方的立场后，尝试找到双方可达成共识或妥协的地方。
   - 强调你们之间的共同目标和价值观，这有助于你们从更高的层面来看待当前的分歧。
6. 协商解决方案：
   - 基于你对对方立场的理解和双方共同点，提出解决方案。
   - 邀请对方一起参与解决方案的制定过程，确保双方的意见和需求都得到充分考虑。

4. 别生闷气

倘若我们一直不坦诚地表达自己的所思所感，他人便难以洞悉我们的内心世界；而当一段本应亲密无间的关系沦落到需要彼此不断猜测对方心思的地步，那么这段关系必然会让人感到疲惫不堪。因此，**在珍贵的亲密关系中，实在不应该让生闷气这种无谓行为蚕食情感。**

在亲密关系中，女生往往对细节有着更敏锐的洞察力，而男生通常显得更为豁达，对于一些小事往往不以为意。当女生因某些心事而郁郁寡欢时，若不选择直截了当地表达，而是寄希望于对方能够心有灵犀地察觉，那么最终很可能会因为得不到回应而渐渐转化为生闷气。这种情绪若长久地积压在心底，终有一天会如火山爆发般喷涌而出，而男生往往会觉得女生情绪变幻莫测、难以捉摸。在现实生活中，因为双方缺乏有效沟通而导致感情破裂的例子不胜枚举，电影《前任三》中的林佳与孟云便是典型。他们并非不爱对方，而是因为一个不愿问、一个不愿说，最终两人都因为放不下自尊而选择了分开。林佳曾陪伴孟云度过最艰难的创业岁月，两人一度被视为神仙眷侣，然而却因为沟通不畅而使得感情无疾而终。日常生活中的点点滴滴若不能得到及时有效的沟通，便会在双方心中留下郁结，当这种郁结累积到一定程度时，便会成为摧毁关系的最后一根稻草。

我很少会让自己陷入生闷气的境地。每当遇到问题时，我会思考如何及时止损、如何让事情不再恶化。与家人发生争执，如果已经感受到了伤心与痛苦，那么若再因此而生闷气，岂不是让伤害雪上加霜？因此，我通常会选择主动道歉、让事情过去。**生闷气不仅对自己是一种伤害，对家人也同样如此，**因此会尽量避免这种行为。有时候，可以给自己一些冷静的时间，如果经过思考后认为问题出在自己身上，就要第一时间去道歉、去弥补；如果坚信自己是正确的，也给彼此一段缓冲的时间，让双方都冷静下来。将问题说出来总比闷在心里要好得多，冷战与生闷气最终惩罚的往往是自己而非对方。没有一个人可以时刻洞悉自己的心意。因此需要明确地表达自己的想法与感受、让对方了解。

直接沟通对于很多人来说并非易事。在传统文化的熏陶下，我们往往被教导要说话婉转、表达含蓄；在工作中也要注意领导的话外之音、揣摩上意。这使得我们在直接表达时总会担心会伤害到他人、引起不必要的冲突。然而，含糊不清的表达往往会造成更深远、更难以消解的负面影响；细小的误解若不及时澄清，便会如滚雪球般越积越大，最终成为关系中的一枚定时炸弹。当然误会也可以成为促进双方理解的契机；当彼此发现可能存在误会时其实正是沟通的大好时机。没有人会天生了解另一个人；而要我们去了解自己在别人眼里的样子其实更为困难。但只要彼此带着尊重与感恩、为沟通做出努力与尝试，那么便不怕有沟通不来的事情、也不怕有化解不了的误会。

5. 爱你但你依然自由

亲密关系，作为生命中不可或缺的纠偏力量，扮演着无可替代的角色。克里斯多福·孟（Christopher Moon）在《亲密关系》中给出了答案：我们需要的是能鼓励我们超越自我的伴侣，我们追寻的是能激发人生意义与方向，并在我们受到考验时，给予我们帮助的人际关系，这也就是“灵魂关系”。**一段亲密关系的真正目的，不是给予和接受彼此的爱，而是让你踏上寻找真正自己的旅程。**

然而，在生活中，许多亲密关系却让人感到窒息。这并非因为彼此的爱不够深，而是双方过于紧密地捆绑在一起，失去了应有的私人空间。我们常常索取对方的爱，试图将对方占为己有，却忽略了亲密关系中更重要的“亲密有间”。正如英国儿童心理学家唐纳德·温尼科特（Donald Woods Winnicott）所说：完美的相处关系是

"窝在爱人的怀里孤独"。"窝在爱人的怀里"描绘了一种亲密无间的场景，象征着安全感、温暖和依靠。这是一种彼此间的信任和接纳，是在爱人面前能够毫无保留地展现自我、放松身心的状态。这种亲密感是建立健康关系的重要基石，它让我们感受到被爱和被珍视的美好。而"孤独"一词则通常代表着独处、寂寞和无人理解。然而，在温尼科特的语境中，"孤独"并非贬义，而是指一种精神上的独立和自由。即使身处亲密关系中，我们依然需要保持一定的自我空间和独立思考的能力。这种孤独不是一种隔阂或疏远，而是一种内心的宁静和自足。**"我是爱你的，而你是自由的"**。

而关于婚姻这种亲密关系真谛，更需要深入领悟，终身学习：婚姻，绝非人生追求的终点站，而是通往幸福的一条路径。对于个体而言，幸福的形式多种多样，不拘泥于婚姻的框架内。有人选择独身，亦能享受到生活的满足与宁静；有人选择步入婚姻，因为在那里找到了心灵的归宿和相伴的温暖。然而，当婚姻的殿堂不再洋溢幸福的气息，也无须勉强自己滞留。

在幸福的追求与责任的重担之间，我们有时会面临艰难的抉择。而在这时，将责任置于首位，不仅是人性的高尚体现，更是我们内心的坚定信念。平衡个人幸福与责任，并非易事，它需要我们具备多方面的能力：经济的独立，让我们无须依附他人；利益的平衡，使我们能在自我与他人之间找到最佳的契合点；先进的理念，为我们指明前行的方向；而执行力，则是将这一切付诸实践的保证。

有人错误地认为，维持一个表面完整的家庭，就能给予孩子完整的爱。然而，这只是想象。真正的完整家庭，不是靠一纸婚书维系，而是建立在夫妻间的相互理解与顺畅沟通之上。这样的家庭，才能为孩子营造一个充满爱的成长环境。相反，如果夫妻之间已经失去了爱，甚至陷入了冷战，那么不分开只会给孩子带来一个充满尴尬和压抑的家庭氛围，让他们对婚姻产生反感。

亲密关系的真谛，**并非在于“得到”，而是在于“加速自我完善”**。当我们被对方的某些特质所吸引时，例如他们的外貌、才华、体贴、财力或孩子气，这些都可以成为我们自我提升的契机。我们将对方视为一面镜子，透过他们来反观自己。我们梳理、理解并内化自己深层次的渴望，从而使得自己的人格变得更加完整。这才是心智成熟、情感独立以及亲密关系的真正意义所在。当我们持续地投入于心智的成长，不断完善自己的人格，内在世界将不再匮乏。我们将逐渐摆脱“非谁不可”的执念，学会珍视真实的自己和他人。在这个过程中，也真正习得了自爱和爱人的能力。

6. 沟通力的关键变量：误解管理

沟通的最大障碍往往源于误解，而要消除这种误解，首先需要深入探索其产生的根源。在沟通过程中，当我们作为信息的发出者时，**有时会不自觉地陷入一种被称为“透明度错觉”的陷阱**。这种错觉导致我们错误地假设沟通是完全透明的，认为我们的感觉和需求能够被对方清晰地感知到。然而，事实上，我们往往没有将自己的想法充分且准确地表达出来，有时甚至只是通过行为或表情来传达。由于我们误以为自己的表达已经足够明确，因此很少会花费时间和精力去确认对方是否真正理解了我们的意思。

然而，对于信息的接收者来说，他们往往需要在非常有限的信息中做出判断，这无疑增加了误解的风险。他们可能会根据自己的经验、情绪或偏见来解读这些信息，从而导致判断失误。这种误解不仅会导致人际关系中的不满和冲突，甚至可能引发彼此的怨恨。

“透明度错觉”所产生的误解通常是双向的。当你抱怨对方没有理解意思时，你可能也没有理解对方的真实想法。这种情况在日常生活中屡见不鲜，无论是在家庭、工作还是社交场合中，都可能因为透明度错觉而导致沟通不畅和误解产生。比如：

在工作中，你注意到同事每天都在加班，于是出于好意询问他是否需要你分担一部分工作。然而，他却拒绝了你的提议，甚至觉得你这样做是在质疑他的能力。这让你感到十分委屈，觉得自己的一番好意却遭到了冷遇。

但实际上，你也误解了同事的意图。你之所以想要帮助他，是因为你看到他总是第一个到办公室，最后一个离开。你理所当然地认为他是因为工作量太大而不得不经常加班。然而，事实并非如此。同事其实只是喜欢一个安静的工作环境，所以他选择在早晨和晚上，办公室里人最少的时候工作。因此，他并不需要你的帮助。

亲密关系中的缝隙往往也是这样产生的：

晚餐的时候，先生在吃妻子做的菜。

她在说一件事儿的时候，他的眼睛却盯着盘子一动不动。于是，她觉得他不重视她说的话，但他其实是觉得妻子做的饭非常好吃。

因为这点小插曲她很不高兴，于是早早入睡，没有和他一起看他们最喜欢的连续剧。这个时候他依然没有注意到，她已经生气，反倒认为是她做了一天的家务事太累，不想和他一起度过晚间的休闲时光。

于是，双方没有进行直接沟通，而是在各自心里对对方进行揣测，而这些猜测都可能是错误的。

鉴于误解无处不在，我们亟须有效地管理误解：

第一，在别人表达之前，学会真正的倾听。这不是一种被动的听取，而是一种积极主动的理解。想象这样一个场景：当他人正在说话时，许多人其实已经在心中构思好了如何回应，甚至已经对对方有了某种预设的判断。他们只是出于礼貌，静静地等待对方说完，然后抛出自己早已准备好的说辞。然而，真正的倾听应该是放下所有的预设和先入为主的观念，全身心地投入到对方的言语之中，从对方的表达中重新审视自己对这个人和这件事的认知。我们要努力避免过早地做出假设。

第二，在不确定自己是否准确理解了对方的信息时，不妨先试着重复。这里的重复并不是简单地背诵对方的话，而是经过仔细聆听、认真消化和再次理解后，将自己的理解结果反馈给对方。这样做有助于我们与对方在表达和理解上达到一种共振，实现更加精准的沟通。同时，作为信息的传递者，应该珍惜对方对我们表达的复述和理解。这是确认对方是否真正接收到信息的绝佳机会。而那些愿意付出努力来理解我们的人，无疑是难得的良师益友。

第三，在表达时应该更多地使用“我”而不是“你”作为开头。毕竟，我们无法真正窥探他人的生活，更不应该轻易地为他人代言。即使我们自认为非常了解对方，也应该在表达情感、陈述推测时，尽量以“我”为出发点（特别是在动词前面）。我们只能为自己代言，所以应该多表达自己。同时，虽然我们不能为对方代言，但可以从自己的感受出发，谈谈对对方的理解。比如，我们可以比较以下两句话的不同：

> “我觉得受伤了——你今天没来赴约又不事先说，这对我来说是不尊重。”
>
> “你伤害了我——不来赴约，又不事先说，你不尊重我。”

显然，前者更能体现出我们从自己的角度出发，表达对方的言行对我们而言意味着什么。而要做到这一点，**一个好方法就是尽量在说话时以“我”为开头**。这样，不仅能更准确地表达自己，还能避免许多不必要的误解和冲突。

第四，避免误解，促进理解需要信息的传递方和接受方共同努力。这如同在舞台上，一个演员无法独自完成一出戏，需要对手的配合与互动。在日常生活中，每个人既是信息的发出者，也是信息的接收者。因此，我们需要从两个方面来提升自己的沟通能力。

作为信息的接收者，学会在做出判断之前，尽可能多地了解和询问可能的原因。这就像是在解谜游戏中，需要收集足够的线索，才能准确地推断出答案。不能仅凭一己之见就妄下结论，否则容易陷入误解泥潭。作为信息的传递者，学会清晰、准确地表达自己的想法和意图。在重要的沟通中，我们可以准备两种版本的信息：一种是详细版，用于与对方进行深入、细致的交流；另一种是精简版，用于在沟通结束后为对方提供一个简洁明了的摘要。这样做的好处是，当面沟通与书面总结相结合，细节与总结相辅相成，不仅可以减少误会的产生，还能为双方进一步的沟通提供支持和参考。

在生活中，要求对方一直非常用心地对待我们发出的信号是不切实际的。如果总是试图揣摩对方的意图，不仅会耗费大量的精力，还会让我们感到疲惫不堪。因此，作为信息的传递方，与其发出模糊的信号让对方去猜测，不如自我检查并确保给出准确、清晰的信息。我们无法控制对方的思考过程，但可以控制自己的表达方式。通过清晰、准确地传递信息，能够降低误解的风险，促进双方的理解与合作。

7. 沟通力的关键切口：冲突清单

在现实中，即使是性格极为温和的人，也难以避免与他人发生摩擦。这些冲突形式各异，可能是言语上的交锋、习惯上的抵触，或是理念上的分歧、利益上的争夺。无论冲突的性质如何，一旦处理失当，都有可能对人际关系造成难以弥补的损害。冲突调解领域的专家道格拉斯·斯通（Douglas Stone）等人，在其著作《解决冲突的关键技巧》中，深入浅出地阐述了有效应对冲突的 17 条黄金法则。这些法则为我们提供了解决冲突的智慧和策略。在这里，将着重探讨其中的两条核心原则，并尝试将其应用于日常生活情境中。

首先，不要只听攻击性语言，听听字面背后的意思。

攻击性语言往往充斥着负面评价、责备、批判、教训、教化、警告和命令等元素。例如，当你一时冲动在理发店办理了昂贵的年卡后，回到家中向家人倾诉自己的经历，却遭到了责备：

“你怎么这么容易上当，别人说什么你就信什么，一点儿判断力都没有！”

这样的话语无疑会让人感到沮丧和挫败。然而，如果能够透过这些攻击性语言的表面，去探寻家人真正想要表达的意思，或许能够发现他们其实是在担心我们的经济安全，害怕我们因为缺乏判断力而遭受损失。

当面对攻击性语言时，我们的本能反应可能是感到不悦，进而采取防御姿态。我们可能会选择冷战、疏远对方，或者以牙还牙，用同样尖锐的言语回击。然而，这样的做法只会加剧双方的矛盾，使冲突陷入恶性循环。相反，如果能够学会冷静地分析对方的言辞，理解其背后的情感和需求，那么就更有可能找到解决冲突的有效方法。

其次，先确认自己的责任，而不是责备对方。

在冲突中，人们往往容易将责任归咎于对方，认为自己是无辜的受害者。然而，这种思维方式只会加剧双方的对立情绪，阻碍冲突的解决。实际上，每一次冲突都涉及双方的责任。通过反思自己在冲突中的角色和行为，能够更客观地看待问题，从而找到更合理的解决方案。例如，在上述理发店的例子中，如果能够先承认自己在办理年卡时可能过于冲动，没有仔细考虑自己的需求和经济状况，就更有可能理解家人的担忧和责备。同时，这也为我们提供了一个与家人进行建设性对话的机会，可以共同探讨如何更好地管理个人财务、提高消费决策能力等话题。

看下面这个例子：在一家私人企业里，一对合作伙伴刚结束一场糟糕的会议。员工走后，两人之间展开了对话。

A 指责 B："你在会上不停地说，永远都管不住你的嘴。"

B 立马就炸了："什么，除了你就没人可以说话了？你根本不知道如何主持会议，这种会议就是在浪费时间。"

A 随即大吼："就是因为你在那叨叨叨说个不停，才浪费了大家的时间！"

想象一下，如果这样的对话继续发展下去会怎样？

针对错误的交流，目的不是为了明确犯错的人，而是为了解决问题。如果能放弃责备对方的意图，先从确认自己的责任开始；那么，你就能够把双方的注意力集中到可行的解决方案上。即便遇见喜欢争执的人，这种方法也行得通。

如何确认自己的责任呢？还是以上面的对话为例。

当两个合作者刚结束一场糟糕的会议后。

A 说："这场会议完全是在浪费时间，像往常一样。"

B 回复："我想，部分原因在于我没有安排足够时间让大家发言。"

A 继续说："是呀，你从不给任何人开口的机会，我们都只能通过大喊大叫的方式表述自己的观点。"

B 再次检讨："是我的问题，我们来谈一谈下次要怎么改进。我会保证大家都有发言的机会。你有什么其他建议吗？"

看吧，**当我们在冲突中勇敢地承认责任时，对话的进展往往会更顺利**。这一简单的举动，不仅能够很自然地将对话的方向转向解决问题，更能够展现出我们的成熟与担当。那么，如何才能让自己在冲突中勇于承担责任呢？其实，方法并不复杂，关键在于如何看待"犯错误"这件事。如果我们把犯错误视为一件坏事，那么很容易就会陷入自我否定的情绪中。我们会觉得自己无能、感到灰心丧气，甚至会为了维护自尊而进行自我辩解、推脱责任、轻易下结论或者变得好批评——无论是对待他人还是对待自己。然而，这样的态度并不利于我们解决冲突，反而会加剧双方的矛盾。相反，如果能够把犯错误看作一个学习的机会，那么为自己的错误承担责任就会变得容易得多，从而为解决冲突奠定良好的基础。

因此，不妨从现在开始，好好梳理一下过去发生过的冲突清单。回顾那些你曾经因为推卸责任而导致矛盾升级的情况，反思那些你因为害怕承认错误而错失的解决问题的机会。然后，在类似冲突再次发生的时候，尝试着换一种方式去处理。勇敢地承认自己的错误，坦诚地面对自己的责任。

你会发现，原来解决冲突并没有想象中那么困难。

调适力：达成心灵秩序的平衡

1. 在困境中重构心灵秩序的能力

在追逐理想的征途中，我们往往会面临着种种挑战和不确定性。调适，是在困境中重构心灵秩序。**而调适力，是在困境中重构心灵秩序的能力**。调适力的本质，就是建立一种能够实现个人目标与外部环境相统一的价值观——这需要我们对自己有清晰而准确的认识，知道自己的长处和短处、喜好和厌恶、理想和现实之间的差距。

许多时候，我们设定的目标并不一定能如期实现，这种落差可能会带来深深的受挫感、焦虑，甚至是痛苦和空虚。

有时，我们会对某个目标产生近乎痴迷的执着，仿佛所有的思绪都被其牢牢牵引，无法挣脱。

而当我们无法达成这个目标，或是遭遇了挫折，就会对其他任何事物都失去兴趣，感觉整个世界都变得灰暗无光。

我们所有的付出和努力，仿佛都投进了一个无底的黑洞，听不到任何回响，也看不到任何希望。这种感觉让我们觉得自己的努力都是徒劳的，没有任何意义。

在这种状态下，我们可能会觉得生活已经脱离掌控，如同漂泊在茫茫大海上的一叶孤舟，任由风浪摆布。对自己，我们可能会感到失望。曾经的那份向目标进发的热情和动力，似乎都已经消散无踪，取而代之的是无尽的空虚和迷茫。

如果你发现自己深陷于上述负面情绪的漩涡中，那么很可能是因为你之前所追求的目标出现了问题。这些目标或许过于遥远、不切实际，又或许是你错误地估计了自己的能力和资源，导致无论如何努力都难以触及。在这种情况下，继续坚持只会让你越陷越深，甚至可能彻底迷失方向。此时，需要做的，是从这些错误设立、难以实现的目标中勇敢地抽身而出。这并不意味着放弃或逃避，而是一种明智的选择——及时止损，将有限的精力和时间投入到更有价值、更可实现的目标上去。

比如，经营婚姻就是一个不断调适和接受不完美的过程。它就像是一场没有舵手的双桨逆水行舟，双方面对的是生活中的种种挑战和困难——柴米油盐的琐碎、经济压力的沉重、外界诱惑的考验等。这些挑战就像一个个汹涌而来的浪头，稍有不慎就可能将脆弱的小舟掀翻。在此过程中，双方需要保持默契和配合，共同应对每一个挑战。任何一方稍有松懈或放弃，都可能让小舟陷入危险之中。而如果发现队友并不默契，那么面临的将是更加艰难的选择：是选择下船另觅搭档，还是将就着继续前行？这其中的关键在于，双方是否都具备足够的调适能力去应对这些挑战和变化。

2. 不要忍

在我们不开心或感到不满的时候，常常听到一个建议——“忍”。这个字似乎与东方文化紧密相连，中国、日本、韩国等东方国家的人常常会提到它。柏杨先生在其《丑陋中国人》一书中，深入剖析了一些他认为是中国文化中的劣根性，其中“忍”也被提及。

然而，我不赞同将文化分析得过于类型化，因为这样做很容易陷入刻板印象的泥潭。文化是一个复杂而多元的体系，每个国家、每个民族都有其独特的文化背景和历史传承。中国人的含蓄性格，可以从农耕社会历史中找到一些解释。在农耕社会中，人们依靠土地生存，只要辛勤耕耘，就能够获得丰收，满足生活所需。这种自给自足的生活方式，使得人与人之间的交往并不是那么重要。因此，人们在公共领域的活动也相对较少，家族和宗族在中国人的生活中占据着重要的地位。这是因为农田、公田等都与家族、宗族有着紧密的联系。人们只需在相对私人的领域里处理好家族、宗族内部的关系，就能够保证生活的顺利进行。而在私人领域打交道的许多规则，与公共领域里的交往有着很大不同，这也导致中国人更加注重内向的特质，更倾向于在熟人社会领域交往。然而，随着现代市场化和城市化进程的加速推进，熟人社会已经逐渐瓦解。人们开始走出家族、宗族的圈子，进入了一个更加开放、多元的社会中。这种变化也带来了文化的转变。现代社会的交往规则更加注重公平、公正和开放，这与传统农耕社会中的交往方式有着很大的不同。因此，我们也需要逐渐适应这种变化，学会在更加开放、多元的环境中与他人交往以及合作。

人类是情感的容器，我们的内心承载着各式各样的情绪。在这其中，快乐和喜悦固然是生活中的甜美果实，但不满、沮丧和其他不良情绪也同样是我们情感世界的一部分。与其抑制这些情绪，不如学会适当地表达它们。

长期的“忍”其实是一种慢性毒药，它在无形中侵蚀着我们的身心健康。当我们将负面情绪压抑在心底，它们并不会凭空消失，而是转化为一种隐形的毒素，在我们的体内悄然累积。随着时间的推移，这些毒素逐渐破坏了我们内心的平衡，最终可能引发不可逆转的伤害。因此，为了维持个人情感的稳定与健康，我们需要为不满和沮丧找到一个合适的出口，让它们得以释放。此外，表达不良情绪还有助于消除误解和增进理解。由于每个人的成长背景和价值观不同，我们对同一事物的看法可能存在差异。如果不及时表达自己的想法和感受，就可能产生不必要的误解和隔阂。

一个真正勇敢的人，是懂得如何将情绪与行动相对分离，即使内心翻涌着波涛汹涌的情感，也能坚定地朝着目标前进。

3. 用更大的社会系统稀释痛苦

在应对生活中的种种难题时，我们往往容易犯下一个常见的错误：那就是试图用对立的情绪去抵制或替代那些让我们感到不快的情绪。这种做法似乎是人类心理防御机制的一种自然反应，但遗憾的是，很多时候它并不能真正解决问题，反而可能带来更加复杂的后果。情绪是复杂而独特的心理现象，它们之间并不能简单地相互替代。每一种情绪都有其独特的生理和心理反应，它们在生活中扮演着不同的角色。因此，**试图用一种情绪去替代另一种情绪，往往会打乱我们内心的平衡，让问题变得更加棘手。**

当我们遇到朋友处于痛苦之中的时候，第一反应往往是想要让他们高兴起来，用欢乐和积极的情绪去驱散他们内心的阴霾。然而，这种做法往往会适得其反。因为对于痛苦者来说，他们的痛苦并不是简单地缺少快乐，而是内心深处的一种创伤或失落。如果我们只是盲目地给他们灌输快乐，而忽略了他们真正的感受和需求，那么他们很可能会感到更加孤独和无助，从而陷入更深的悲伤之中。这个事情的本质正如保罗·瓦茨拉维克（Paul Watzlawick）等人在《改变：问题形成和解决的原则》中所描述的："他们的帮助等于是要求病人应该有某些感受（高兴、乐观，等等），不应出现其他的感受（哀伤、悲观，等等）。结果，对于病人而言，原来可能只是一份短暂的哀伤，现在却混合了其他感受，即失败、恶劣、无法感激那些深爱着他又极欲帮他的人。这一点因此成了抑郁本身。"

可见，面对他人的痛苦时，首先要学会倾听和理解，而不是急于用自己的情绪去替代他们的情绪。只有真正理解了痛苦者的感受和需求，才能给予他们真正有效的支持和帮助。同时，也应该认识到情绪的复杂性和独特性，不要试图用简单的替代方式去解决复杂的情绪问题。对于真正的痛苦，旁人的安慰往往显得苍白无力。这并不是说他们的关心不重要，而是因为真正的痛苦来自内心深处，只有我们自己才能深入其境，找到痛苦的根源，理解它，然后逐渐学会与之共处。

我们也必须意识到，真正的痛苦，那种深入骨髓的悲痛，是我们无法完全抹去的痕迹。它不像浅层的烦恼，可以通过一时的欢笑或简单的转移注意力来消散。真正的痛苦需要我们正视，需要我们用心去面对，才能找到缓解的出路。数年前，当我失去双亲时，那种痛苦几乎让人无法呼吸。但我知道，逃避或压抑这种情感并不是解决之道。我选择了一个特别的方式来处理这种痛苦：定期为自己留出一段时间，专门用来回忆他们，感受那份失去他们的切肤之痛；同时，争取将他们的故事写成普通人的传奇。这样做的目的并不是让自己沉溺在痛苦中，而是通过直面痛苦，让内心的情感得到更彻底的释放。每次这样的回忆过后，我都会感到一种奇怪的轻松，仿佛心灵经过了一次洗涤，变得更加清明。

还有一种智慧的方法可以帮助我们缓解痛苦：那就是寻找一个更大的系统让痛苦感相对缩小。想象一下，当你站在辽阔的大海边，凝视着浩渺的水面，你会发现自己的困扰在这片广阔中显得如此渺小。这种宏观的视角让我们能够超脱出来，看到那些原本认为至关重要的事情其实并不值得过多关注。我们的内心，就像一个海洋，是一个充满动态变化的系统。在这个内心系统中，“分子”代表着来自外界变化，而“分母”则是我们内在的适应性。每当外界发生变化时，内在适应性也需要及时做出调整，以保持系统的动态平衡。这种平衡不仅能够帮助我们更好地应对痛苦，还能够提升我们的心理承受能力。

当我们将自己的关注点从个人困扰扩展到更广阔的社会领域时，就会发现自己的痛苦相比之下显得相对微不足道。这种社会责任感不仅能提升我们的自我价值感，还能让我们在更大的系统中找到归属感和使命感。

4. 做自己的经纪人

在我们的内心深处，为自己未来的发展描绘出一幅具体而清晰的画卷，无疑能够帮助我们将目光聚焦于那些更高远的目标。这样的远见将使我们超越眼前短暂的波折与沮丧，激发我们不断探寻新目标的热情与决心。

> 想象一下，五年后的你，将站在生活的哪一个高度上？那时的你，或许已经拥有了更加成熟稳重的外表，但内心依旧保持着对世界的好奇与热情。
>
> 你的日常将如何度过？是在宽敞明亮的办公室里挥洒智慧，还是在温馨舒适的家庭中享受天伦之乐？
>
> 你的身边又将围绕着哪些人？是志同道合的伙伴，还是互相扶持的家人？

关于工作，你又将如何定义自己的成功？是职位的晋升、事业的拓展，还是对社会做出了某种积极的贡献？

很多人对于自己的喜好和内心的起心动念往往采取一种随性的态度，认为这些都是自然而然、主观产生的，没有必要去深究背后的原因。然而，这种看似洒脱的态度实际上却阻碍了我们真正认识自己。如果我们不去深入探究自己的喜好和内心活动，就像隔着一层薄雾看待自己，则将始终无法看清自己的真实面貌。这种模糊的认识不仅限制了我们的自我成长，还容易让我们陷入琐碎的事务和无谓的争执之中。如果能够拨开这层薄雾，深入了解自己的内心世界，那么我们将更加清晰地认识自己，明确自己的价值观和目标。因此，我们应该勇敢地面对自己的内心，探究那些看似自发的喜好和起心动念背后的原因。只有这样，才能真正把自己“看明白”，从而摆脱一时一事之争的困扰。

你是否真的像你以为的那样可怜？

一位朋友在遭遇挫折时，常常会陷入“我真可怜”的情绪漩涡中；这种情绪就像野火一样蔓延，渐渐吞噬了她面对和解决问题的勇气。

在观察到这一现象后，我鼓励她深入探索这背后的原因。后来发现这或许与她童年的经历有关：每当她展现出可怜的模样时，总能引起父母更多的关注和呵护。这一发现对她来说非常重要，因为她第一次意识到了自己的心理习惯的形成根源，而不再只是将其视作性格中不可更改的一部分，并轻描淡写地说“这就是我”。更重要的是，她开始尝试着将自己的意识作为一个客体来进行研究，以理性的眼光去发现其中的规律，并努力进行优化。

这个过程充满了源思维的理性和科学性，但正因为这种理性，她感受到了前所未有的力量。她不再被情绪左右，而是成为能够主动把握自己的“改变者”。这种转变不仅让她在面对挫折时更加坚强，也为她的未来注入了更多的可能性和希望。

是的，每个人都可以成为自己生活的经纪人，深入挖掘自身的独特价值。

通过观察自己，我们能够以更客观的视角审视自己的言行举止，进而洞察自己的优点和不足。所以，不要害怕面对自己，不要逃避自我反思。在这个过程中，你不仅能够挖掘出自己的价值，还能够学会如何更好利用自己的优势。

5. 妥协也是一种勇敢

追逐理想的旅途中，难免会遇到各种阻碍和挑战。这时，一个常见的问题便会在我们的心头萦绕：是应该继续坚守，还是选择适时放弃？如何判断自己的努力是否值得？或许，再稍微坚持一下，局面就会有所改观呢？

生活中，我们常常会遇到那些“难以放弃”的情境。这些情境，就像是一面镜子，映照出我们内心深处的执着和追求。比如，有些女性从小就梦想着成为一个“贤妻良母”，她们将这一角色视为自己生命中不可或缺的部分。因此，即使面对婚姻中的种种困难和伤害，也会选择坚守，不愿意放弃内心的那份坚持。因为对她们来说，放弃不仅意味着一段关系的结束，更意味着自我身份的瓦解。

那么，为什么我们明明知道某些目标不现实甚至有更好的选择，却仍然不愿意放弃呢？其核心原因在于，这些目标已经被我们内化成了个人身份的一部分。我们对自己的认知和定义，往往与这些目标紧密相连。一旦放弃目标，就意味着必须重新定义自己、重新寻找自我价值。这对于很多人来说，是一件非常困难和痛苦的事情。

欲望，其实就是我们与自己的约定。我们渴望成为某种人、拥有某种东西，这种渴望构成了内心的动力和目标。然而，很多人都没有意识到，欲望的本质其实是与自我身份的紧密关联。正如王小波所说：“人的一切痛苦，本质上都是对自己无能的愤怒。”当我们无法满足自己的欲望时，就会感到痛苦和焦虑。而这种**焦虑的根源，就在于欲望与能力之间的差距过大**。我们渴望成为更好的自己，但现实往往让我们感到无力和挫败。

因此，要想摆脱这种焦虑，就要重新审视自己的欲望和目标。我们需要问问自己：“这些目标真的是我想要的吗？它们符合我的价值观和人生规划吗？如果放弃这些目标，我会失去什么？又会得到什么？”只有通过深入思考这些问题，才能逐渐摆脱盲目追求和过度执着的困境，找到真正属于自己的道路。

放弃一个不现实的目标，其实是自我解绑的必经之路。这个过程往往充满了挑战，因为它意味着我们必须舍弃过去对自己的固有认知和期待，甚至要重塑自己的核心价值。在这个过程中，我们会逐渐意识到，过去那些看似重要的目标与我们的关系并非那么紧密。它们曾经是我们生活中不可或缺的部分，但随着时间的推移和心智的成长，它们逐渐变得遥远，与内心距离越来越远。最终，当我们真正从这些目标中解脱出来时，会感到一种前所未有的轻松和自由。

当然，妥协并非一定是被迫的选择，更不是心怀不甘的权宜之计。真正的妥协来自内心的逻辑自洽，是我们在深思熟虑后所做出的明智决策。当我们建立了一种能够调和矛盾的稳定价值观，并将其与自身的现实状况相统一时，内心就会获得一种从容。这种从容不仅能让我们更好地应对生活中的种种挑战，还能让我们在面对不现实的目标时，更加灵活地调整自己的方向和策略。

6. 改变身份认同

当我们放弃了一个不现实的目标后，就相当于为未来目标腾出了空间。此时，可以更加积极主动地搜集信息，拓展自身的可能性，以找到更加现实、更加适合自己的新目标。选择一个新目标不仅意味着要在行为上做出改变，更重要的是要将这个目标融入自己的核心价值体系之中。我们要坚信，这个新目标能够为我们的生活带来更多的意义和价值。无论我们放弃了什么，又拾起了什么，调整目标的最终目的都是为了让自己过得更好。在这个过程中，我们也在不断地改变自我身份的认同。通过不断地调整目标、改变自我认同，最终找到真正属于自己的位置。

两个人都在戒烟，这时候你递给他们每人一根烟。

一个人说，不用了，谢谢，我戒烟。这听起来是个合理的理由，但是从他的表述可以看出，他认为自己一直在抽烟，只是目前尝试戒烟而已。

另一个人说，不用了，谢谢，我不抽烟。

这两个回答看着差别不大，但后者改变了自己的身份认同——抽烟的只是以前的自己，而不是现在，他不再把自己当成一个抽烟的人。所以，后者戒烟成功的概率更大。

要想塑造自己的未来，首先得在内心深处坚信自己已经成为理想中的自己。一旦建立了某种身份认同，我们的行为、态度乃至思维方式都会随之发生深刻的改变。这种改变并不是一蹴而就的，它需要不断地去践行、去强化，最终让这种新的身份认同真正内化为我们自身的一部分。

7. 避免“自我归因”

在生活中，“自我归因”是一种常见的心理现象，它如同一个隐形的魔法师，悄无声息地影响着我们的情绪与认知。很多时候，我们会不自觉地将某些事情的发生归咎于某些内部原因，仿佛这些原因就是导致结果的必然之路。然而，仔细思考后我们会发现，这些所谓的内部原因与结果之间，往往并不存在直接的因果关系。这种错误的内部归因，可能导致我们对自己的能力、价值或行为产生不必要的怀疑和否定，进而引发各种消极情绪，如沮丧、焦虑、自责等。比如：

- 这么简单的事情我都搞砸了，是不是说明我很蠢？
- 他为什么对我态度这么差，是不是因为不喜欢我？
- 他连这么简单的任务都做不到，是不是因为无能？

但实际真实的情况很可能是：

- 这件事情搞砸了，是因为其中有一个非常容易疏忽的陷阱。
- 他的态度不好是因为连夜熬夜状态差，心情不佳。
- 他没有完成布置的任务，是因为性格不合适，缺乏经验。

大脑总是倾向于高估内在因素的重要性，而相对低估外部环境对事件结果的影响。这种思维模式的存在，使得我们在面对问题时往往过于关注个体的责任和能力，却忽视了外部环境中的诸多变量。然而，现实世界是复杂而多变的，任何一个事件的发生都是多种因素交织作用的结果。因此，当我们陷入小情绪时，不妨用源思维审视问题。通过还原事实和辨析因果，我们能够更加客观地分析事件的原因和结果，避免一味归咎于人或自我责备。同时，源思维也有助于发现那些被忽视的外部因素，从而更好地理解事件的来龙去脉。以下两个方法能为我们提供一些启示：

首先，当你感到情绪即将失控时，不妨告诉自己：“先别动，倒数10下再说。”这是因为情绪往往会在短时间内急剧攀升至顶点，然后逐渐回落。只要能挨过这个顶点，高涨的情绪就会开始平复。在这个过程中，可以尝试在内心默数10下，给自己一个缓冲的时间。你会发现，大多数情况下，10秒之后，你的情绪就会得到一定程度的缓解，此时就可以开始进行理性思考了。这个方法需要在平时的生活中有意识地进行锻炼，逐渐将它内化为一种本能的条件反射。这样，当情绪再次来袭时，你就能够更自如地应对了。

其次，当遇到不快的事情时，试着将它们写下来，或者跟自己进行对话剖析。可以这样问自己：“为什么我会感到生气、难过或失落？原因是什么？”然后，尝试跳出自己的视角，用第三者的角度来看待问题。这样做的好处是，能够更客观地分析问题，避免被情绪左右。同时，通过书写或对话的方式，也能够将自己的情绪宣泄出来，从而减轻内心的压力。这个方法需要我们有一定的自我觉察和自我剖析能力，但只要愿意尝试，就一定能够逐渐掌握它。

总之，通过一些方法和技巧，我们可以在情绪激烈的时候依然保持理性思考。**这里的关键仍然在于，将按照源思维模型思考变成无意识的习惯。**

8. 调适力的关键变量：情绪管理

情绪管理是一项至关重要的技能，而要掌握这一技能，我们首先需要深入探究情绪产生的根源。与许多人的直观认知不同，情绪的产生与触发情绪的对象之间并不存在直接的因果联系。以看到老虎产生恐惧为例，我们本能的反应是立刻逃跑，然而，这种恐惧并非直接由老虎本身所引起。实际上，它是源自我们意识中根深蒂固的一种印象或信念，即“老虎是猛兽，会伤害人类”。

这种现象在心理学上被称为情绪 ABC 理论。A 代表激发对象（Activating Event），它作为一种外部刺激，进入认知系统并触发我们内在的固有信念（Belief）。这些信念是我们内心深处对自己及外界事物的既定认知和评价。一旦激发对象与固有信念相互作用，就会引发一系列的反应和行动，即结果（Consequence）。这一整个过程构成了情绪产生的完整流程。

因此，可以看到，在这个情绪产生的流程中，信念扮演了关键的角色。它像是一个过滤器，对外部刺激进行解读和赋予意义，进而引发我们的情绪反应。这也解释了为什么不同的人对同一件事可能会有截然不同的情绪反应，因为他们的固有信念不同，对激发对象的解读也就不同。所以，要进行有效的情绪管理，我们就需要深入了解并调整自己的固有信念。通过反思和认知重构，可以逐渐改变那些不合理或过于消极的信念，从而更好控制情绪反应。

比如，当简单的任务意外失败时，有些人会陷入自我否定，觉得“怎么又搞砸了，真是没用”，从而灰心丧气。而另一些人则会反思：“为什么这么简单的事情也会失败？原因在哪里？是不是事先对这个任务的评估出了问题？”这种不同反应，正是情绪管理的关键所在——通过调整认知来驾驭情绪。

再举一个更典型的例子：面试时，如果你特别看重某个职位，往往会感到异常紧张，手心出汗、心跳加速、脸色苍白，甚至身体变得僵硬。这是因为大脑在潜意识里不断提醒你："这个很重要，不能出错！"从而提高了整体的应激反应。那么，如何在这种情境下缓解紧张情绪呢?

可能有人会建议告诉自己"不要紧张，要淡定"，但实际上，这种做法往往会适得其反，因为它反而强化了你的紧张感。更有效的做法是调整自己的认知，降低这个职位在你心目中的重要性。你可以告诉自己："这个职位没什么大不了的，就算失败了也没关系。"甚至还可以刻意找出这个职位的一些不足之处，从而降低自己的期望值。这样一来，在你的认知里，这个职位的重要性就会大打折扣，紧张情绪自然也就得到了缓解。通过这些例子我们可以看到，**情绪管理并不是简单地压制或忽视情绪，而是要学会调整自己的认知和评价方式。**

因此，**应对生活中的消极事物，一个有效的方法是学会换个角度看问题。**当我们遭遇挫折时，不必立刻陷入消极情绪，而是可以试着问自己："这种情况有什么积极意义吗?"通过这样的思考，我们往往能在困境中找到一丝光明。举个例子，假如你开会快迟到了，这看似是一件令人沮丧的事情。然而，可以尝试从中找到一些积极因素，比如："好处就是我可以借此机会放松一下紧张的神经。"当然，这并不是在为迟到找借口，而是一种情绪管理的技巧，帮助我们在面对压力时保持冷静和乐观。实际上，任何事情都有其积极的一面。即使一时找不到明显的意义，我们也可以这样告诉白己："生活现在要给我上一课，我要认真听讲，好好学习。"

9. 调适力的关键切口：放弃清单

调适人生的关键步骤，首先就是学会放弃，紧随其后的是掌握排序的诀窍。在人生的征途上，我们的时间如沙漏中的沙粒，永远在不停地流逝，而精力则如同蓄水池中的水，总有耗尽的时候。这种现实的认知告诉我们，无须在每一件事情上都追求极致，更不必为自己无法做到面面俱到而感到沮丧；相反，应该将有限的时间和精力集中在那些真正重要的核心目标上。

为了实现这种高效的管理方式，我们需要成为一位坚定的优先排序者。这意味着在行动之前，我们需要先静下心来，将所有的目标一一列出。然后，以冷静和客观的态度对这些目标进行认真的排序，从中挑选出那些最为重要、对我们的未来影响最大的前五个目标。只有当我们全力以赴地实现了这五个关键目标之后，才应该考虑继续追求其他的目标。

第七章

结论：
在多变的时代
依然激情澎湃

定位人生实现跃迁

源思维可以帮助我们定位人生，科学地熬制心灵鸡汤。

人生定位的重要性不言而喻，它如同一盏明灯，照亮我们前行的道路，让我们在茫茫人海中不迷失方向。缺乏清晰的人生定位，就如同在黑暗中摸索，很容易陷入迷茫和焦虑的漩涡。

让我们稍微回顾一下自己的过去，尤其是在那个重要的时刻：填报大学志愿，选择未来可能伴随一生的专业。那一刻，我们是否真正地从内心深处出发，对自己进行全面的审视？我们是否清楚地知道自己热爱什么、擅长什么，以及内心真正的感受是什么？恐怕对于大多数人来说，这样的梳理并不多见。

我们可能跟风选择，或者仅仅因为某个学校或专业的评价较高，就草率地做出决定。然而，这样的选择往往导致我们在学习过程中缺乏兴趣，只是为了获得一纸文凭而硬着头皮度过三四年时光。终于熬到毕业，开始了求职之旅。或许依靠关系，或许通过不懈努力争取到了面试机会，最终进入一家公司开始工作。然而，一段时间后，发现自己并不适应这个岗位。这种不适应可能表现为与上级同事的关系紧张、对工作环境的不满，或者对薪资待遇的失望。

但这些看似合理的外部原因，其实并非问题的根源。真正的根源在于我们的内心，在于我们去做某一类事情时的感觉。当感觉不对时，我们很难保持持续的热情和动力去做好这件事。你一定有过这样的体验：当内心对某件事情感到排斥时，即使勉强自己去做，也往往难以取得好的结果。因为我们的心并不在那里，我们的热情和动力也无法被激发出来。这就是为什么很多人在工作中感到疲惫和厌倦的原因，因为他们并没有找到真正适合自己的职业定位。

还有一些朋友，在工作三五年后，开始感受到瓶颈期的压抑与困惑。这个时候，重新择业的念头如同春天的嫩芽，不可遏制地生长出来。然而，随之而来的却是种种选择上的迷茫。是勇敢地踏上创业之路，还是寻找另一份更加适合自己的工作？是毅然转行，追求内心真正的热情所在，还是继续在当前的行业里将就下去？是去 A 公司追逐新的挑战，还是选择 B 公司以求稳定和发展？

面对这样的困境，很多人往往将原因归咎于外界因素：行业的竞争太激烈、公司的发展前景不明朗、工作环境不够舒适等。然而，仔细剖析之后，我们不难发现，真正的根源，仍然在于我们自身：人生定位的模糊和心灵秩序的混乱。

我们生活在一个快速变化的时代，行业的兴衰更替、公司的起伏波动都是常态。如果我们只是盲目地跟随外界的变化而变化，没有自己清晰的人生定位和坚定的心灵秩序作为支撑，那么无论我们换多少份工作、尝试多少个行业，最终都难免会感到迷茫和失落。因此，若要打破瓶颈期、走出迷茫，关键在于静下心来，认真梳理自己的人生定位和心灵秩序。我们需要清楚地知道自己想要什么、擅长什么、适合什么，并在此基础上制定出符合自己实际情况的职业规划。

正确的人生定位不仅能够帮助我们把握关键阶段，实现人生跃迁，还能够让我们在纷繁复杂的世界中保持清醒和坚定。它让我们明白如何选择适合自己的道路、如何坚持自己的信念、如何放弃不必要的纷扰。当我们拥有了清晰的人生定位时，就能够更专注地追求自己的目标，不被外界干扰所动摇。在万变的时代，源思维，能够让我们依然激情澎湃。

因为自知所以自信

人生定位，实则是一场深度的自我探索与认知之旅。它要求我们不仅要洞察自己的优势和劣势，明确自己的擅长与不擅长，还要能审视自己的现状与未来，乃至勾勒出最终的理想蓝图。这一切，都构成了自知的重要篇章。

在这个过程中，自信与自知的辩证关系逐渐浮现。自信，并非空穴来风，而是基于对自身深刻了解后的一种自然流露。它是自知的一种外在表现，一种由内而外的坚定状态。正因为有了自知之明，我们才能对自己的能力和价值产生深刻的信任感，从而孕育出真正的自信。然而，自信并非孤立存在，它是在比较中逐渐显现的。这种比较有两个层面：一是自己与他人的比较；二是现在与未来的比较。在与他人的比较中，我们能够更加清晰地看到自己的优势和特色，从而增强自信心；而在现在与未来的比较中，我们则能够看到自己的成长和进步，进而激发出更大的自信。

因此，**真正的自知不仅是对自己现在的了解，还包括对他人现在的认知，以及对自己未来的预见。**这种全面而深刻的自知，才能够孕育出真正坚实而持久的自信。

回想自己的成长经历，我似乎从未刻意去思考过自知或自卑这些概念。这并不是说我没有经历过挫折和困难，而是在我很小的时候，就受到了当头棒喝的启示，让我意识到了自律和自觉的重要性。从那以后，我便开始努力地在学业和生活中保持自律和勤奋，这种态度也让我在学业上取得了一定的领先。我一直认为，只要持续努力，自信就会自然而然地伴随而来。

自信的人，无疑是生活中最美的风景。谈及美，我们常常会联想到两种截然不同的长相：一种是天生的外在长相，它源自遗传，是我们无法主动选择的；而另一种，则是后天的精神长相，它在我们的成长与经历中逐渐塑造，如同一块未经雕琢的玉石，在岁月的淘洗中逐渐焕发出独特的光彩。外在的美貌固然吸引人，但它如同昙花一现，短暂而易逝。真正的美丽，来自内心的丰盈与自信。

思维教育强化自我边界感

人，作为符号性的生物，其内心身处总是渴望寻找意义和与世界的连接。这种渴望，源自对价值观和信仰的追求，也体现了我们对精神生活的向往。

就此而言，本书一直强调的源思维，其意义在于引导我们深刻理解和把握生活的边界与自我边界感，进而在生命的三个维度——长度、宽度和高度上，实现拓展与提升。**一个人的基本素养正是源于对分寸的掌握和对边界的尊重。**

这种边界感，实际上是一种深刻的自知之明。它要求我们清晰地认识自己在社会系统中的身份、角色和位置，从而明确哪些行为是恰当的，哪些则是不合时宜的。在人际交往中，它更表现为一种对他人所得的尊重和理解，以及一种正确、适度的态度。

当我们将这种分寸感内化为自己的行为准则时，生命也将因此变得更加丰富和多彩。在生命的长度上，我们将学会如何更好地规划和管理自己的时间，让每一刻都充满意义和价值。在生命的宽度上，我们将以更加开放和包容的心态去接触和理解不同的文化、思想和观念，从而拓宽自己的视野和认知范围。在生命的高度上，我们则将通过不断的自我超越和精神追求，实现个人价值的最大化和社会贡献的最优化。更重要的是，当这种素养在社会中得到广泛普及和认同时，许多棘手的社会问题也将因此迎刃而解。因为在这个时候，人们已经学会了如何以恰当的方式与他人相处、如何尊重他人的权益和感受、如何以建设性的态度面对和解决冲突。这样的社会，无疑将更加充满希望。

值得一提的是，如果将语数外等不同学科比作我们使用的各类APP，思维教育无疑是这些APP背后不可或缺的操作系统。它虽然不直接呈现在用户面前，却是支撑应用体系运行的关键。在当前的中小学基础教育中，不难发现高层次思维教育课程的缺失，这无疑是一个值得更多关注和需要改善的问题。教育，不只是知识的传授，更应深入到生命的精神层面，引导学生思考和探索自我，理解并珍视生命的独特。

深度思考弥合社会鸿沟

思维鸿沟，是不同群体间在认知、理解和判断问题上的差异。这种差异往往源于人们的教育背景、生活经历和价值观的不同。要弥补这种鸿沟，就需要我们进行深度思考。源思维能够帮助我们穿透表面现象，直击问题本质；它能够让我们从不同角度审视问题，获得更全面的认知；它还能够激发我们的创造力，为解决问题提供更多可能性。

人生而平等，这无疑是人们心中的理想状态。然而，现实却往往并非如此。每个人所拥有的禀赋和资源千差万别，这些差异形成了难以逾越的社会鸿沟。尽管我们常说“条条大路通罗马”，但不可否认的是，有些人从出生那一刻起，就已经身处罗马。这种起点的不平等，比我们想象的要深远得多。为了缩小这种社会鸿沟，许多人付出了不同方式的艰辛努力。但在我看来，消弭社会鸿沟最重要的路径之一，其实是消弭思维鸿沟。通过源思维，我们可以逐渐打破固有的思维框架，接纳和理解不同的观点和思想。这种理解和接纳，是消弭社会鸿沟的关键。

更为重要的是，深度思考所构建的是一个完整而独立的思维体系。这个体系如同一把万能的钥匙，能够应对生活中的各种变化和挑战。无论环境如何变迁，只要掌握了深度思考的能力，我们就能够以不变应万变，从容地面对世界的纷繁复杂。因此，让我们都学会深度思考吧！不仅仅是为了实现人生设定的各种目标，更是为了成为更有智慧、更有力量的自己！

后 记

从最初萌生写作念头到最终落笔成书，已过去了七年。

每个人的生命之旅，犹如穿越千山万水，每一步的前行都充满了未知，而每一个峰回路转之处，更是隐藏着无尽的惊奇与可能的痛苦。我们如何能够抵挡人世间的种种痛苦，并将这些经历转化为内心的磅礴力量呢？基于深度思考，我们会更清晰地意识到，人生的总体悲剧性无法替代每一个个体所能亲身体验的悲欢离合。正因如此，对于每一个鲜活的生命而言，本书的价值不仅在于推动个人的成长或成功，而且能够提供一种可能性，尽量规避成长路途中的风险，让心灵找到归宿，得到安顿。

对我个人而言，人生中最令人恐惧的便是后悔。我并不惧怕犯错，因为错误是成长的垫脚石；我最担心的是失去纠错的机会。有时候，一个短暂的瞬间就可能决定了一生的走向，而一旦错过，就再也无法挽回。因此，我衷心地希望这本书，以及我所倡导的源思维，能够像一盏明灯，照亮每个人前行的道路，帮助我们消解过去的后悔，也为我们未来可能遇到的困境提供解决之道！

本书能得以顺利出版，要将我由衷的谢意送给很多人：

我的家人、朋友和学生们，这本书原本就是送给你们的礼物。感谢小麦、小果的陪伴，你们在本书的每个字间应该都可以感受到爱，这也是给你们的生日礼物。感谢我的姐姐们，你们的爱护是我的明灯。我在北京、上海、广州、深圳、杭州、成都、武汉、西安、温州等城市的演讲都提到了这本书，很多同事、同行和朋友都给了我更好的建议。感谢学品团队和米道团队，还有士雄、慕仪、晓燕、清秀、广龙、王旭、爱双、小英、晓东、范伟、俊彦、丹妮、毅文、一云、顾悦、张慧等朋友（学生），你们以各种方式给了本书帮助和支持。

感谢帆书（樊登读书）团队和光尘发行团队，包括孟磊、思丹、安佶等几位老师，是你们的帮助和督促，本书才得以启动写作和完成。尤其要感谢责任编辑姜山老师的负责和细心，让本书立意更为紧凑。感谢美编老师，让本书更为增色。

我也要提前感谢这本书的读者，没有你们，心意无处安放！如有任何建议，也请关注团队视频号“何艳玲源思维”、公众号“何以载道”或加入源思维读书会（个人微信号：Origin-thinking），获得本书重要概念和命题的电子汇总版，并有机会参与读书会，期待更多同行者。如果我的努力能推动思维教育的普及，这将是多大的荣耀！

特别感谢彭国华、王天夫、张志安、周丹、邱震海等名家的亲荐。本书是面向每个人的对话！

何艳玲
2024 年春于北京

附 录

本书重要概念

- 方法：完成某件事情的具体步骤或技术。
- 方法论：指导我们进行思考和行动的原则和理论框架，是“方法的方法”。
- 现象：事物或行为的一种表现，即“观其然”。
- 事实：现象传递的信息，也是现象的属性，即“是其然”。
- 本质：事实的根本属性，即“所以然”。
- 深度思考：探究事物本质的一种思维模式。
- 洞见：一种特殊的、深刻的认识，通常具有原创性、深刻性和启发性。
- 思想：系统化的洞见。
- 模型：经过简化和抽象的一种框架，并用于更清晰地解释和预测现象。
- 源思维：从还原事实、因果分析到锚定切口的深度思考模型。
- 概念：对事物本质的抽象和概括，是定义的结果。

- 因果分析：通过收集证据、严密推理来验证假设的过程。
- 切口：行动的起点或突破口。
- 锚定切口：找到有即时激励的行动，或者为行动创造即时激励。
- 归纳法：从特殊推导一般的推论证明方式。
- 演绎法：从一般推导特殊的证明方式。
- 三段论：从大前提、小前提到结论的证明过程。
- 思维劳动：提升思维层次的刻意训练。
- 人生支持力：包括理想力、规划力、猎知力、专业力等四种大能力。
- 人生纠偏力：包括决策力、靶向力、沟通力、调适力等四种大能力。
- 理想力：通过职业承担社会角色的能力。
- 规划力：为理想设置不同阶段目标的能力。
- 猎知力：基于问题导向的知识系统化能力。
- 专业力：在特定领域中所展现出的具有竞争性的能力。
- 决策力：从两难处境中做选择的能力。
- 靶向力：基于目标持续投入注意力的能力。
- 沟通力：还原对方情境的能力。
- 调适力：在困境中重构心灵秩序的能力。